哈佛凌晨四点半

哈佛大学送给青少年的最好礼物

（新版）

韦秀英◎编著

二十一世纪出版社集团
21st Century Publishing Group
全国百佳出版社

图书在版编目（CIP）数据

哈佛凌晨四点半：哈佛大学送给青少年的最好礼物：新版 / 韦秀英编著. — 南昌：二十一世纪出版社集团，2018.1

ISBN 978-7-5568-3268-2

Ⅰ. ①哈… Ⅱ. ①韦… Ⅲ. ①成功心理－青少年读物 Ⅳ. ①B848.4-49

中国版本图书馆 CIP 数据核字（2017）第 296569 号

哈佛凌晨四点半：哈佛大学送给青少年的最好礼物：新版　　韦秀英 / 编著

统　　筹 朱文平
责任编辑 敖登格日乐
出版发行 二十一世纪出版社集团
（江西省南昌市子安路 75 号 330009）
www.21cccc.com　cc21@163.net
出 版 人 张秋林
经　　销 新华书店
印　　刷 大厂回族自治县祁各庄乡冯兰庄兴源印刷厂
版　　次 2018 年 3 月第 1 版　2018 年 3 月第 1 次印刷
开　　本 710mm × 1000mm 1/16
印　　张 16
字　　数 200 千
书　　号 ISBN 978-7-5568-3268-2
定　　价 35.00 元

赣版权登字—04—2017—887

【序言】

天下没有免费的午餐：哈佛大学的凌晨四点半

哈佛，每个学子心中最高的殿堂。作为世界一流学府，哈佛大学培养了许多名人，他们中有8位美国总统、44位诺贝尔奖得主、30位普利策奖得主以及各行各业的精英。到了哈佛你就会知道，真正的精英并不是天才，而是付出了更多努力的人。

哈佛大学占地240多公顷，没有现代化的高楼大厦，只有随处可见的用新英格兰红砖建筑的图书馆。当你走进美丽的哈佛校园，置身于晨曦中，只见湖边、路边，许多学子正在聚精会神地晨读着；当你走进藏书逾千万册的哈佛大学图书馆，只见每间阅览室都灯火通明，每个座位上都坐着认真看书的学子……他们没穿华丽的服装，更不见四处游荡，有的只是匆匆的脚步，坚实地写下人生的篇章。

英国一家电视台曾做过一期题为《凌晨四点半》的专题节目，内容讲的是，在一个普通的凌晨四点半，哈佛图书馆内，已经坐满了静静看书、认真做笔记、积极思考问题的哈佛学子……

哈佛的老师经常告诫学生："如果你想在进入社会后，在任何时候、任何场合下都能得心应手并且得到应有的评价，那么你在哈佛学习期间，就没有晒太阳的时间。"一分耕耘一分收获。我们在感叹哈佛为什么能够成为培养精英的摇篮时，也应该反省一下，自己是否真的勤奋努力过？如果我们在年轻的时候没有付出，那么在该收获的时候就没有收获。青少年朋友应该明白，天下没有免费的午餐，只有靠我们勤奋的双手去努力，去创造，才会给自己的人生交出一份满意的答卷。

如果你走进哈佛的学生餐厅，很难听到叽叽喳喳说话的声音，每个学生端着比萨、可乐坐下后，往往边吃边看书或是边做笔记。即使是用餐时间，哈佛学生也要充分利用起来。可以说，哈佛的餐厅不过是一个可以吃东西的图书馆，是哈佛正宗100个图书馆之外的另类图书馆。

在哈佛，学生的学习是不分白天和黑夜的。即使在半夜或者凌晨，整个校园也是灯火通明的，那是一座不夜城。餐厅里，图书馆里，教室里还有很多学生在看书。那种强烈的学习气氛感染着哈佛的每一位学子。哈佛的本科生，每学期至少要选修4门课，一年是8门课，4年之内修满32门课并通过考试才可以毕业。而且，哈佛的作业量很大。学生课后要花很多时间看书，复习案例。每堂课都需要提前做大量的准备，课前准备充分了，上课时才能在课堂上和别人交流，否则，你是无法融入课堂的教学中的。

由于哈佛学生的勤奋努力，在哈佛的校园里，到处可以看到睡觉的学生，甚至在食堂的长椅上也有学生呼呼大睡。而旁边来来往往就餐的人并不觉得稀奇。因为他们知道，这些倒头就睡的学生实在是太累了。

究竟是什么让哈佛的学子有了这样坚定的信念，这样勤奋努力地学习呢？哈佛图书馆墙上的20条训言似乎已经告诉了我们答案。虽然只是寥寥数语，却发人深省。

1.此刻打盹，你将做梦；而此刻学习，你将圆梦。

2.我荒废的今日，正是昨日殒身之人祈求的明日。

3.觉得为时已晚的时候，恰恰是最早的时候。

4.勿将今日之事拖到明日。

5.学习时的苦痛是暂时的，未学到的痛苦是终生的。

6.学习这件事，不是缺乏时间，而是缺乏努力。

7.幸福或许不排名次，但成功必排名次。

8.学习并不是人生的全部。但既然连人生的一部分——学习也无法征服，还能做什么呢？

9.请享受无法回避的痛苦。

10.只有比别人更早、更勤奋地努力，才能尝到成功的滋味。

11.谁也不能随随便便成功，它来自彻底的自我管理和毅力。

12.时间在流逝。

13.现在流的口水，将成为明天的眼泪。

14.狗一样地学，绅士一样地玩。

15.今天不走，明天要跑。

16.投资未来的人，是忠于现实的人。

17.受教育程度代表收入。

18.一天过完，不会再来。

19.即使现在，对手也在不停地翻动书页。

20.没有艰辛，便无所获。

哈佛是一种象征，最高智慧的象征，最高学府的象征。人的意志，人的才情，人的理想，在哈佛的凌晨四点半会一一体现！

目录
Contents

第一章

立志要趁早：做10年后最优秀的人

你在为谁读书

哈佛大学前任校长劳伦斯·H·萨默斯教授在一次关于“学习力”的演讲中，讲了这样一个你我身边常见的现象，他上中学的小外孙吉文曾告诉他这样一件事。

暑假里，吉文和一群小伙伴一起到郊外玩，正当他们玩得很开心的时候，突然有一个小女孩哭了起来，说是必须赶紧回家。

小女孩着急地说：“天哪！我竟忘了看时间，今天的功课我还没有做。”

“现在是假期，怎么还有功课？”伙伴们问她。

“是我妈妈让我做的，如果没有按时做完，她会揍我的。”那个小女孩哭丧着脸说。

你是否也曾像这个小女孩一样，不管走到哪里，在做什么，都会觉得学习、读书是负担，像影子一样时刻伴随着自己，觉得自己学习，也是为了父母、老师。但是我们读书真的是为了满足父母的攀比欲，为了老师的好名声吗？有时候，父母逼迫我们学习，虽然说有些不近人情，但你是否真的知道自己是为了谁而读书呢？

劳伦斯·H·萨默斯校长说：“我曾经建议哈佛的学生们最好每天都问自己一个相同的问题：我为什么要学习？这个问题看似简单，实际上非常重要。如果一个人没有良好的学习动机，不明白做事的目的，就很难产生强大的内驱力。所以，对这些学生来说，不解决为什么学习的问题，看不到学习的必要性，就永远也不会具有学习的动力。”确实，如果我们不明白自己学习的动机，不明白读书的目的，就会把学习当成负担，把读书当成任务。

安东尼·拉马纳出生在意大利西西里岛上的一个小村庄里。他一共有十个兄弟姐妹，所以不到12岁便到采石场干活了。但安东尼·拉马纳却不甘心自己的命运就是如此。于是他经常会利用一些闲暇时间阅读有关西西里岛的历史和地理，并听老人们讲述岛屿的变迁。从书上，他看到了外面的世界与岛屿的差距，于是在16岁那年，他沿着山谷顺流而下，一直来到海边，随后跟着一艘货船来到了美国。

在美国，当他遇到困难时，有多少次他曾想踏上回家的路，听一听那熟悉友好的声音。但是，他每想到这里就更加坚定地意识到，自己应该通过学习来改变自己的命运。

22岁那年，他凭借着不懈的努力，获得了自己梦寐以求的证书——一张石匠工会卡。不久他便被选去在林肯的纪念碑上，雕刻林肯在葛底斯堡的讲演词。在雕刻林肯的讲演词时，他深深地被林肯的人生经历打动。他想：林肯这位生活艰辛，而最后靠着学习改变命运的人，早年生活几乎跟自己一样，但是后来他却当上了律师，最后竟又当上了总统。那么自己是不是也会有功成名就的一天呢？

一天吃午饭时，安东尼坐在高高的脚手架上，望着巨大的林肯雕像，这位来自西西里岛采石场的小石匠突然做出了一项决定：安东尼·拉马纳能够成为一个更有用的人，他要当律师。他在一块木板上写道："安东尼·拉马纳"，在他的名字下面又写道："安东尼学法律。"那天晚上，他把那块木板带下了脚手架。他的朋友都笑话他，"你是林肯第二吧？安东尼，你看雕像看呆了"。

安东尼过去只在西西里岛的一所乡村小学读到五年级，想在华盛顿大学国家法律中心学习，简直是痴心妄想，何况他还要在脚手架上连续工作10小时。但是他并没有退缩，一下班就去夜校补习英文，他的帆布兜里时刻都有凿子、锤子、午饭和课本。他常常匆匆忙忙地吃过午饭便抓紧时间读书，甚至有时候一手拿着书，一手拿着两片玉米饼，中间夹着一块咸猪肉坐在木头上边吃边学习。

终于，功夫不负有心人，安东尼·拉马纳考入了法律学校。但是，因为第二次世界大战爆发，他只得离开美国去同法西斯作战。回国后，他在很短的时间里连续获得了一个法学学士和一个法学硕士的学位。后来，他一直在纽约和华盛顿担任律师，工作非常出色。

劳伦斯·H·萨默斯校长说，他和安东尼·拉马纳是在一次聚会中认识的，虽然他们年龄差距很大，但却是无话不谈的好朋友。劳伦斯·H·萨默斯校长问他："读书、学习时，难道你不感觉到累吗？"他说："那不可能，因为每个人都必须自己去发现动力，并自己为动力确定具体的含义。"确实，安东尼说得一点都没有错，当我们在学习的时候，明白自己为谁而读书，为什么而读书，我们就会有一种向前的驱动力，从而让我们在学习中不断克服各种困难，待到像安东尼一样拥有成就时，就会觉得学习也是一种乐趣。

◎哈佛考考你

测试一下：你知道自己是为了什么而学习的吗？

A.证明自己的学习力

B.知识本身的吸引力

C.取得学习另一课程的资格

D.得到学位证书

E.有一份好工作

F.父母或老师要求我学习

◎答案分析

选择A和B：表明你想要的回报就是学习本身，认真学习后感到心里很踏实。

选择C、D和E：表明学习原因对你很重要，取得实质性的回报才是你学习的目的。

选择F：表明你可能是一个厌恶学习的人，只是迫于各方面的压力而为之。

认识你自己，为无知而求知

一直以来，哈佛都是全世界众多学子向往的一流学府，能够在那里学习的学子必定是凤毛麟角，可是总有一些自以为是的学生，他们习惯揣摩别人的心理，对别人了如指掌，对自身的能力却没有全面的认识。哈佛的教授们总是善意地提醒学生说："认识你自己，为你的无知而求知。因为只有自知的人，才能知晓他人。"

对于"自我认识"这个话题的探讨，可以追溯到公元前2000年：特尔斐被认为是迄今最古老的城市，它建于帕纳索斯山脉的斜坡上。阿波罗神庙是这座城市里最受敬仰的神庙之一，在这座神圣的寺庙的墙壁上写着七位圣贤的箴言。其中有一条就与自我反省和自我节制有关，它就是"认识你自己"。古希腊哲学之父苏格拉底甚至将它作为自己一生的座右铭。

"自我认识"是我们达到身心平衡的关键。当我们还很年轻的时候，我们就已经开始在了解自己。随着年龄的增长，其中的一些成了我们个性的一部分，而且难以改变，而我们总是随着生活的变化而变化。基于这个原因，自我认识是一个永无止境的过程。

哈佛大学第22任校长洛厄尔曾经说过："认识自己能够做什么固然重要，但认识自己不能做什么更为重要。"在一次演讲中，他给学生们讲述了这样一个故事。

罗斯福小时候是一个十分脆弱和胆小的学生，在学校课堂里总显露出一副惊惧的表情。有一次，老师让他在课堂上背诵一篇课文，他从座位上站起来，呼吸就好像喘气一样，双腿发抖，嘴唇也颤动不已，背诵起来含含糊糊、吞吞吐吐，最后只能在同学们的哄笑声中颓然地坐下。由于牙齿的暴露，罗斯福并没有一张英俊的面孔。同学们也因此常常嘲笑他，说他的牙齿可以用来挖地瓜了。

小小年纪的罗斯福变得很敏感，他通常不会参加同学间的任何活动，不喜欢交朋友，成为一个只知自怜的人。然而，罗斯福虽然有这方面的缺陷，但却有着奋斗的精神——这种精神仿佛是每个人天生就具有的。事实上，缺陷促使他更加努力奋斗。他没有因为别人对他的嘲笑而失去勇气，他喘气的习惯变成了一种坚定的嘶声。他咬紧自己的牙使嘴唇不颤动从而克服了惧怕心理。

罗斯福比任何人都更了解自己，他清楚自己身体上的种种缺陷。他从来不欺骗自己，认为自己是勇敢、强壮和好看的。他用行动证明自己可以克服先天的不足并能获得成功。

只要是他能克服的缺点，他就一定要克服；不能克服的他便加以利用。通过演讲，他学会了如何利用一种假声，掩饰他那无人不知的龅牙。他裹着毯子、坐着轮椅进行"炉边谈话"的样子，令民众再也记不起他以前那打桩工人般的姿态。虽然他的演讲中并没有任何惊人之处，但他不因自己的声音和姿态而遭失败。他没有洪亮的声音或是威严的姿态，他也不像有些人那样具有惊人的辞令，然而在当时，他却是人们眼中最出色、最有力量的演说家之一。

罗斯福在面对自己的缺陷的时候，并没有退缩和消沉，而是充分、全面地认识自己，在意识到自我缺陷的同时，正确地评价自己，为自己的无知而求知，在困境中抗争，不因缺憾而气馁，甚至将它加以利用，变为资本，变为扶梯，从而登上名誉的巅峰。同样的，对于青少年来说，要发现自己的缺点，就必须进行深刻的自我剖析。剖析，不单单是找出优点、肯定成绩，更关键的是要把自我剖析的手术刀滑向心灵的深处，对心灵进行忏悔式的追问：我的缺点到底在哪里？明天我将如何努力？哈佛有一句格言说得很好：一个目光敏锐，见识深刻的人，倘又能承认自己有局限性，那他离完人就不远了。

◎**哈佛考考你**

在公园看到许多画家帮人画像，你心血来潮也想过过做模特的瘾，你会选择哪一类型的画像呢?

A.水彩画或油画

B.铅笔素描画

C.俏皮逗趣的漫画

D.毛笔水墨画

◎**答案分析**

选择A：你看起来颇严肃，好像是那种过着一成不变生活的修行者，其实你只是自有一套独特的生活哲学而已。你的朋友或同学有时会惊讶于你突然发作的幽默与搞笑，其实只要碰到与你对盘的人，你也会是一个健谈、乐于与人分享的人。

选择B：平常的你是好好学生的模样，但其实你的个性上是偏向固执与保守的，只是你平常在与朋友或同学互动时，比较不那么坚持，但在某些事情上又会变得比较固执、保守，甚至到了令人难以理解的地步。

选择C：你是个百分百闷骚的人，在长辈面前，总是一副正经八百的样子，一副乖乖牌的形象，其实在同学或朋友之间可是大家的开心果，有什么康乐或联谊的活动其幕后的推手大多都是你，因此你外在的形象与内在的个性，简直是判若两人。如果有一天跟你不熟的人看到你的本性时，肯定会大吃一惊的。

选择D：你给大家的感觉就像阳光一般，似乎没有什么烦恼，一直都很快乐的样子。不过了解你的人都知道，其实你不是那种会将心事挂在嘴边或表现在脸上的人，私底下的你，是会想很多且对别人的看法相当在意的人，所以你会觉得自己的人格快分裂了。

对于盲目的船来说，所有风向都是逆风

哈佛大学曾经做过一个非常著名的跟踪调查，被调查的人都是一群智力、学历、生活环境等差不多的青少年。从600份的调查中发现：27%的人没有目标；60%的人目标模糊；10%的人有清晰但比较短期的目标；3%的人有清晰且长期的目标。

20年的跟踪研究结果显示：3%有清晰且长期目标的人，20年来他们都朝着同一方向不懈地努力。20年后，他们几乎都成了社会各界的顶尖成功人士。10%有清晰短期目标者，大都处在社会的中上层。他们有共同特点：短期目标不断被达成，状态稳步上升，成为各行各业的不可或缺的专业人士，如医生、律师、工程师、高级主管，等等。而60%的模糊目标者，几乎都在社会的中下层，他们能安稳地工作，但都没有什么特别的成绩。剩下的27%是那些20年来都没有目标的人群，他们几乎都在社会的最底层。他们都过得不如意，常常失业，靠社会救济，并且常常都在抱怨他人，抱怨社会，抱怨世界。

这个调查让我们明白：如果一个人没有明确而坚定的目标，那么他是不可能成功的！正如赫伯脱所说："对于盲目的船来说，所有风向都是逆风。"现实生活中，许多青少年宁愿选择随波逐流的游弋式生活，也不愿意给自己设定一个目标，所以他们一直迷茫地走在没有目的地的道路上。因为迷茫，他们感觉到了空虚，于是他们利用所有的时间来追求享乐，参加对己对人都无益的活动，在嬉笑怒骂中填补自己内心的空虚。其实，但凡优秀的青少年，他们都知道明确的目标才是成功的

基础。在开始行动前，他们会明确自己的目标是什么，而不会盲目地前行。他们知道自己下一步该怎么走，哪些事必须做，该怎么做，哪些事无足轻重，进而可以避重就轻、高效地做事。

世界著名的游泳健将弗洛伦丝·查德威克，从卡得林那岛游向加利福尼亚海湾，在海水中泡了16小时，只剩下1800多米时，她看见前面大雾茫茫，潜意识发出了“何时才能游到彼岸”的信号，她顿时浑身困乏，失去了信心。于是她被拉上小艇休息，失去了一次创造纪录的机会。事后，弗洛伦丝·查德威克才知道，她已经快要登上了成功的彼岸，阻碍她成功的不是大雾，而是她内心的疑惑。是她自己在大雾挡住视线之后，对创造新的纪录失去了信心，然后才被大雾俘虏。

过了两个多月，弗洛伦丝·查德威克又一次重游加利福尼亚海湾，游到最后，她不停地对自己说：“离彼岸越来越近了！”潜意识发出了“我这次一定能打破纪录”的信号，她顿时浑身来劲，最后弗洛伦丝·查德威克终于实现了目标。

古希腊哲学家彼得斯曾经说过：“需有人生的目标，否则精力全属浪费。”的确，弗洛伦丝·查德威克第一次之所以失败，不是因为她没有能力游到加利福尼亚海湾，而是因为浓雾让她看不到目标，看不到目的地。其实，我们每个人的人生中都会有这样那样的“浓雾”让我们在困难中迷惘，以致最后放弃，因为对于一艘盲目航行的船来说，任何方向的风都是逆风。

因此，对于青少年来说，想要获得成功，就要给自己树立一个明确的目标。正如哈佛一位历史系的教授在给学生们讲述人生目标时所说的那样：远大的理想是你伟大的目标，远大的目标是成功的磁石。仅仅拥有理想，你不一定能成功；但如果没有目标，成功对你而言就无从谈起。

许多年以前，盐湖城有一位勤劳节俭的年轻人。他常常受到朋友和邻居们的赞美。但他的一项举动使他的朋友们都认为他疯了。他从银行取出他所有的存款，到纽约参观汽车展，回来时买了一辆新车。更糟糕的是，当他回到家之后便立刻把车停到车库中，并将每个零件都拆卸下来。在研究完之后，他又把车子组装起来。

朋友和邻居们都认为他的行为实在太不正常了，而当他一再重复拆卸组装的动作时，这些旁观者们更加确定他疯了。这位年轻人就是后来的“汽车大亨”克莱斯勒。他的朋友和邻居们不了解隐藏在他看似疯狂行为中的目标，更不了解成功意识对他的重大影响力。

事实上，世界上许多成功人士并不是那些才智超群、多才多艺的人，相反他们都是一些资质平平的人。很多人感到疑惑不解：为什么那些看上去智力不及我们一半，在学校里排名末尾的学生却取得了巨大的成功，在人生的旅途上把我们远远地抛在了后面？出现这种现象的主要原因就是那些看似资质平庸的人能专注于自己的目标，耕耘不辍，最终到达目的地。而那些所谓智力超群、才华横溢的人却仍在四处涉猎，毫无目标，最终一无所获。所以说，一个人有无明确的目标，对他的人生发展起着决定性作用。

◎哈佛考考你

一串钥匙能预测你未来的目标正不正确，赶紧做下面的测试吧！走在路上，你听到钥匙遗落在地的声音，你觉得是：

A.一大串钥匙

B.两三把钥匙

C.只有一把钥匙

◎答案分析

选择A：你对未来有无限的憧憬，对于生活，你认为就像一扇正要打开的窗子，有诸多可供想象的可能，但有时未免显得好高骛远，你应当按部就班地去着手实现目标。

选择B：你眼前正面临岔路口，有一个以上的目标，正彷徨着不知该先朝哪一条路迈进，建议你多听听前辈的意见再做决定。

选择C：你是个未来方向十分明确的有志之士，既然确定了目标，就勇往直前吧！

远见与目标，让你在10年后无可替代

哈佛的人生理念认为：一个人的目标越高远，那么他的成就就会越大。远大的、美好的人生目标，能吸引人努力为实现它而奋斗不止。每当你懈怠、懒惰的时候，它犹如清晨叫早的闹钟，将你从睡梦中惊醒；每当你感到疲惫、步履沉重的时候，它就似沙漠之中生命的绿洲，让你看到希望；每当你遇到挫折、心情沮丧的时候，它又如破晓的朝日，驱散满天的阴霾。一个有远见和目标的人，能在人生目标的驱策下，不断地激励自己，从而获得精神上的力量，焕发出超强的斗志。

在很多年前，哈佛的一个行为问题调查组曾经对100名学生进行了一次抽样调查，向每个人提出了同一个问题："10年以后，你希望在什么地方，从事什么工作？"这些学生都回答说，他们想得到财富、荣誉，希望去经营大公司，或者从事能影响和主宰我们所生存的世界的重要工作。

在这100个接受调查的年轻人中，有10个人不仅决心征服世界，而且将目标清清楚楚写了出来，并说明他们什么时候即将取得何等成就，取得这些成就的理由是什么；而其他人则没有像他们一样写出各自的目标和理由。

10年之后，调查人员发现，原来写过目标和计划的那10名学生，所拥有的财产竟占那100名学生总财产的96%。这意味着那10名学生的成功率超过他们同学的整整10倍。所以说，确立目标与制订计划是学习规划的两个必不可少的内容。如果目标是前进的灯塔，那么计划就是行动的方案。没有目标，所谓的计划就没有了明确的方向，只能是四处乱撞；没有计划，目标则只是一句空谈，没有任何实际意义。

正如格莱恩·布兰德所说："目标和计划是通向快乐与成功的魔法钥匙！有了明确的学习目标和计划，并把它们写下来付诸行动的人，他们将来的成就，是有目标和计划但仅停留在脑子里或纸上的人的10—50倍。"让我们来看看艾萨克的故事，他的个人长期学习计划便是一个很好的范例。

艾萨克中学毕业的时候，他的父亲就发现他具有特殊的商业天赋：机敏果敢，敢于创新。但他缺乏社会阅历，尤其是缺乏知识。父亲与他长谈了一次，并和他一起制订了一个能帮助艾萨克成为一个商界精英的长期学习计划。这个计划将艾萨克的学习生涯分为四个阶段。

第一阶段：攻读理工科学士。通过在哈佛大学攻读最基础、最普通的机械制造专业，艾萨克具备了做商贸必备的专业知识，了解了产品性能、生产制造情况，培养了知识技能，建立了一套严谨的逻辑思维体系，还形成了脚踏实地的工作态度。在这四年中，艾萨克还广泛选修了其他专业课程，如化学、建筑、电子等。这些知识为他后来的商业活动创造了难以估量的价值。

第二阶段：攻读经济学硕士。通过在哈佛大学3年经济学硕士的学习，他了解了影响商业活动的众多因素，懂得了商业的社会地位和作用，掌握了经济学的基本知识。在这3年的学习中，他还认真学习了经济法，并将主要精力放在管理知识的学习上。

第三阶段：积累社会阅历。离开哈佛后，艾萨克并没有急着去经商，而是先做了5年政府的公务员。5年的时间，使艾萨克从一个稚嫩的青年成长为一个深谙世故的公务员，在环境的压迫下，他树立起强烈的自我保护意识，并广泛结交各界人士，建立起一套关系网络。他非常善于利用这些网络来获得丰富的信息和便利条件。

第四阶段：掌握商情，熟悉业务。艾萨克辞去公务员的工作，应聘到了一家国际性的大公司。通过在这里两年的锻炼，在掌握了丰富的商情与商务技巧之后，他谢绝了公司的高薪挽留，自己开办了一家商贸公司，开始了梦寐以求的经商生涯。

艾萨克是一个有远见、有目标的人，这四个学习阶段共用了他14年的时间，每个阶段目标明确，任务具体。由于他在制订计划之前，对自己将来的发展目标定位准确，每个阶段的学习，都是以总的目标所需要具备的素质作为出发点，科学规划，合理安排。因此，当计划完成后，艾萨克已经具备了成功商人所应具备的所有条件。他的公司经营得非常出色。他有自己的游艇和别墅，他的身影常常出现在地中海、夏威夷阳光海滩上。现在他又根据自己的情况制订了新的学习计划，不难想象，在他这个新计划完成之后，一定会取得比现在更高的成就。

其实，所谓的成功，在一开始仅仅是自己的一个选择。你选择什么样的目标，就会有什么样的成就，有什么样的人生。今天的生活状态不由今天来决定，它是我们过去生活目标的结果；明天的生活状态不由未来决定，它将是我们今天生活目标的结果。对于有远见、有目标的人来说，今天的选择便预示着未来的成功。

◎哈佛考考你

你知道自己内心的善良度是多少吗？

有一天你和朋友大吵一架，隔天他（她）请快递送来一个箱子，凭直觉，你觉得里面会是什么呢？

A.昂贵的皮件

B.一定有诈，可能是便便

C.过去的情书、礼物

D.空箱子

E.温馨的小礼物

◎答案分析

选择A：你的内心善良程度40%，属于长得很善良型，但其实外表是你的伪装，真正善良与否得看以后的造化！

选择B：你的内心善良程度55%，看人善良型，会因特定的人事物而激发出善良的一面，这类人认为虽然不能害人，但防人之心不可无，因此他的防卫心较重。

选择C：你的内心善良程度99%，天生善良型，根本是上帝派来的小天使，要小心不要被人家骗。

选择D：你的内心善良程度20%，年度善良型，猜忌心相当重，大概一年才做一次善事，这类型的人有时候会想得太多了。

选择E：你的内心善良程度80%，后天善良型，潜在的慧根会让这类人愈老愈善良，这类型的人会受到宗教或朋友的影响而激发潜在的善良。

敢坐第一排，勇当第一名

一位著名的哈佛大学教授应邀来中国做演讲。当时，演讲的大礼堂里挤了很多人，那些没有座位的听众只好站在走廊上听他演讲。然而，出乎他意料的是，大礼堂的最前排却没有一个人坐。望着空荡荡的前排，他惊讶地问道："这第一排怎么没有人愿意坐，难道坐着还不如站着？"整个大礼堂一片寂静，谁也不吭声。

教授环视一周，又笑着问道："你们不敢坐第一排是怕我向你们提问题吧？"

"是！"一个声音怯生生地回答道。

教授微笑着说："提问题有什么可怕的呢？我又不会吃掉你们！"大家也不由自主地笑了起来。

接着，哈佛教授便对大家说道："在我们美国，每一个人都喜欢争坐第一排。因为他们认为坐第一排才能亮出自己，才能更引人注目。只有引人注目，才有机会被他人赏识，被他人看中。在这个人才辈出的社会里，只有坐在第一排，才有可能出人头地！如果你想取得成功，做出一点成就来，那么就得亮出你自己。而亮出自己的最好办法，就是不管在什么时候，都永远地坐在第一排。坐第一排，就是争第一；坐第一排，就是给自己信心。我正是照着我老师教我的去做，才取得今天的成绩的！"哈佛教授刚说完，大家都纷纷地向前面涌，争坐第一排。

20世纪30年代，在英国一个名不见经传的小镇里，有一位叫玛格丽特的小女孩，她从小就经常被父亲灌输这样的思想："无论你做什么事都要力争一流，永远都要走在别人的前头，哪怕是坐公交车，你也要永远争坐第一排。"她的父亲从来就不让她说“我不能”或“我做不到”的话。

或许对于一个孩子来说，这个要求太高了。但是每当她为争做第一名感觉很累的时候，她就会想起父亲给她讲的一个故事：在生物学上，有这样一个现象：刚刚破壳而出的小鸡，会本能地跟在它第一眼看到的动物身后，并把它当成自己的母亲。即使是一只乌龟经过，小鸡也会把乌龟认成自己的母亲。更令人惊讶的是，一旦小鸡形成对某个物体的追随反应，就不可能对其他动物形成追随反应。这个现象在生物学上被称为“印刻效应”。通俗来讲，小鸡只承认第一，无视第二。她的父亲告诉她这种现象不仅仅存在于低等动物世界，也存在于人类社会中。人们经常会对最初接受的信息和最初接触的人留下深刻的印象，尤其是任何堪称“第一”的事物都具有天生的兴趣并有着极强的记忆能力。每一个人都可以列出无数个第一，比如世界第一高峰、美国第一个总统、第一个登上月球的人，等等，但是对于第二、第三、第四，人们却不甚了解。因此只有敢于当上第一，坐上第一的位置，才会永远地被人记住。

确实，从小受到父亲这样的“残酷教育”的玛格丽特，有着积极向上的决心和信心，无论是在学习，还是在生活、工作中，她总是抱着一往无前的精神和争创第一的信念，尽自己最大的努力去克服一切困难，做好每一件事，事事争第一，以自己的行动来证明“永远争坐第一排”的诺言。

玛格丽特在上大学的时候，学校要求学员要用5年时间来学习拉丁文课程，但是她却凭借着自己永争第一的信念和拼搏精神，在一年内就把全部课程学完了，而且考试成绩也名列前茅。玛格丽特不仅仅在学业上出类拔萃，在音乐、艺术等方面也一直走在前列，是学生中凤毛麟角的佼佼者之一。当年，她所在学校的校长评价她说：“她无疑是建校以来最优秀的学生，她总是雄心勃勃，每件事情都做得很出色。”

正是她任何事情都永争第一的心态，40多年后，她成了英国乃至整个世界政坛上的一颗耀眼的明珠，她连续四届当选为英国保守党领袖，并在1979年成了英国第一位女首相，凭借她“敢坐第一排”的心态，雄踞政坛11年之久。她就是被世界政坛誉为“铁娘子”的玛格丽特·撒切尔夫人。

可以说撒切尔夫人的一生都是在竞争中度过的，但也正是这样一种事事争第一的竞争意识成就了她的一生。所以青少年朋友们要记住，无论做什么事情，你的态度决定了你的高度。“永远都要坐第一排”积极的人生态度，激发了我们往最高最好的目标和方向去发展。

其实，我们每一个人都想成为“坐在第一排”的人，但真正能够“坐在第一排”的人却不多。为什么呢？因为那些不能坐到第一排的人，往往只会把“坐在第一排”当成一种人生的理想，却始终没有采取行动去争做第一名。在人生的旅途中，能够最终领略美妙风景的，必然是那些强烈渴望登顶，并为之不懈跋涉的追求者。

◎哈佛考考你

从座位的选择看你的学习态度：如果你可以选择的话，你最喜欢坐在教室中哪一个位置？

A.第一排正中央

B.教室的正中央

C.最后一排

D.离老师最远的角落

◎答案分析

选择A：你喜欢坐在第一排正中央，这种行为表示你是一个求知欲和学习意愿高的人，而且这种学习动机是你自动自发，没有人会强迫你，你也不是为了别人而学，是个很有求知欲的好学生。因为，你选择的位置很靠近黑板，老师的声音可以听得很清楚，所以说你是好学的人是绝对没错的。

选择B：你是一个很希望老师注意你的人，在班上你一直有想出风头的期望，至于上课的内容如何，对你来讲也就不重要了。你是一个很容易让人影响学习情绪的人，你的成绩好有可能多半都是为了给老师看或向同学炫耀，所以你的读书动机是很不自主的，因此很容易受影响。

选择C：你之所以选择坐在最后一排，这就表示你是个不喜欢被老师注意，也不喜欢出风头，只喜欢安安静静想自己事情的人。你的学习意愿其实也不算低，只是你很需要有自己的空间，来做自己的事。如果有你喜欢听的课程，你就会投入去听。如果老师的口音太重，听不懂也没兴趣，你就会做自己的事了。

选择D：你是一个恨不得躲起来，看不到老师，老师也看不到你的人。你不是很讨厌老师，而是你实在是非常讨厌上课，你的学习意愿可以说是等于零。为什么会这样？只有问你自己了。你觉得上课简直就像坐牢，当然可以摸鱼就摸了，所以会坐在离老师最远的角落了，搞不好老师的眼镜度数不够，你就赚到了。

没有什么来不及，现在就是最好的开始

曾经的哈佛学子，后来荣获诺贝尔经济学奖的萨缪尔森教授认为："人们应当首先认定自己有能力实现梦想，其次才是用自己的双手去建造这座理想大厦。"的确，人生总有许多理想和憧憬，假使一个人能够将一切憧憬都抓住，将一切理想都实现，将一切计划都执行，那么他在事业上的成就，真不知会怎样的宏大；他的生命，也不知会怎样的伟大！然而，总是有很多人有憧憬而不去抓住，有理想而不去实现，有计划而不去执行，最终使各种憧憬、理想、计划破灭。

生活中，很多人都有周游世界的梦想，可是有几个人能不顾一切地去实现它呢？毕业于哈佛大学的著名文学家爱默生曾经说过："一心向着自己目标前进，行动起来的人，整个世界都给他让路。"所以，有了目标，就是要立即行动起来！光说不练，纸上谈兵，拖延应付，只会让目标成为一个梦。

索菲娅是哈佛大学里艺术团的歌剧演员。在一次校际演讲比赛中，她向人们展示了一个最为璀璨的梦想：大学毕业后，先去欧洲旅游一年，然后要在纽约百老汇中占有一席之地。当天下午，索菲娅的心理学老师找到她，问了她一句："你今天去百老汇跟毕业后去有什么差别？"索菲娅仔细一想："是呀，大学生活并不能帮我争取到去百老汇工作的机会。"于是，索菲娅决定一年以后就去百老汇闯荡。

这时，老师又冷不丁地问她："你现在去跟一年以后去有什么不同？"索菲娅冥思苦想了一会儿，对老师说，她决定下学期就出发。老师紧追不舍地问："你下

学期去跟今天去，有什么不一样？”索菲娅有些晕眩了，想想那个金碧辉煌的舞台和那双在睡梦中萦绕不绝的红舞鞋……她终于决定下个月就前往百老汇。

老师乘胜追击问道：“一个月以后去跟今天去有什么不同？”索菲娅激动不已，情不自禁地说：“好，给我一个星期的时间准备一下，我就出发。”老师步步紧逼：“所有的生活用品在百老汇都能买到，你一个星期以后去和今天去有什么差别？”

索菲娅激动地说道：“好，我明天就去。”老师赞许地点点头，说：“我已经帮你预订好明天的机票了。”第二天，索菲娅就飞赴到全世界最巅峰的艺术殿堂——美国百老汇。当时，百老汇的制片人正在酝酿一部经典剧目，几百名艺术家前去应征主角。按当时的应聘步骤，是先挑出10个左右的候选人，然后，让他们每人按剧本的要求演绎一段主角的对白。这意味着要经过百里挑一的两轮艰苦角逐才能胜出。索菲娅到了纽约后，并没有急着去漂染头发、买靓衫，而是费尽周折从一个化妆师手里要到了那个剧本。这以后的两天中，索菲娅闭门苦读，悄悄演练。正式面试那天，索菲娅是第48个出场的，当制片人要她说说自己的表演经历时，索菲娅粲然一笑，说：“我可以给您表演一段原来在学校排演的剧目吗？就一分钟。”制片人首肯了，他不愿让这个热爱艺术的青年失望。而当制片人听到传进自己鼓膜里的声音，竟然是将要排演的剧目对白，而且，面前的这个姑娘感情如此真挚，表演如此惟妙惟肖时，他惊呆了！他马上通知工作人员结束面试，主角非索菲娅莫属。就这样，索菲娅来到纽约没几天就顺利地进入了百老汇，穿上了她人生中的第一双红舞鞋。

看看我们身边的那些成功者吧，他们都是“想到就立即做”的行动家。“想到就立即做”是一种习惯，是一种做事的态度，也是每一个成功者共有的特质。什么事情一旦拖延，你就总是会拖延，但你一旦开始行动，事情就有了转变。凡事及时行动就是成功的一半，凡是有力量、有能耐的人，总是能够在对一件事情充满热忱的时候就立刻去做。因为他们知道，等待与拖延是成功的死敌。如果没有行动，再美的梦想也只是泡影。

所以，一旦有了自己的梦想或者目标，就要立刻着手进行，不要拖延，不要想着以后，也没有什么来不及的，因为现在就是最好的开始。

◎哈佛考考你

如果让你变成下面的一种海洋生物，你最想变成哪一种？

A.珊瑚

B.两条鱼

C.一群鱼

D.海蛇

◎答案分析

选择A：缺乏行动力。你是一个多说少做、举棋不定的人。而且有恋母情结，常常希望得到别人的照顾，心理年龄仍停留在小学阶段。

选择B：有强烈责任感。你有责任感，生活起居方面很独立，而且在学校、公司中有不错表现，得到别人的爱戴。不过，在恋人面前就表现得很柔弱。

选择C：害怕寂寞。你的心理年龄也不算太大，喜欢集体生活，而且小事也会询问亲友才能下决定，所以亲朋好友都是你的精神支柱。

选择D：成熟人。你是一个相当成熟的人，而且具有强烈使命感，因此再孤独的生活也不怕。但有时会局限于自我认知的范围里，别人的意见不容易听进去。

第二章

无论何时，勤奋都是通往成功的捷径

懒惰，比勤奋更能消耗身体

哈佛大学图书馆里流传着很多名言，其中一条就是：Never put things you can deal just now to tomorrow（勿将今日之事拖延至明日）。人们常说“今日事今日毕”，然而现实生活中往往并不能充分实现这一点。因为惰性而产生的拖延时时刻刻发生在我们的身上——早上躺在床上不想起来，起床后什么事也不想干，能拖到明天的事今天不做，能推给别人的事自己不做……“懒惰”就像很有诱惑力的怪物，每个人的一生都会与这个怪物相遇。它是人类最难对付的一个敌人，许多本来可以做到的事，都因为一次又一次的懒惰拖延而错过了成功的机会。

富兰克林说：“懒惰像生锈一样，比操劳更能消耗身体。”懒惰是人的一种劣根性，为了做成某件事，必须与它抗争，超越这种劣根性的钳制。这种抗争和超越，一开始总要由一些外力来强制，进而才逐渐内化为恒定的精神和行为习惯。一旦养成勤劳的习惯，往往会拥有一份稳定的愉快心情。因为人在专注的时候，意念与行为协调归一，所以恶劣的情绪便没有潜入的机会，更没有盘踞的空间。一个进入勤劳状态的人，心中就不会有长久驻足的懒惰。所以，克服懒惰最直接、最有效的方法就是使自己忙碌起来。

露西娅是美国一家家族企业的老板，事业上，她完全依赖于自己的丈夫，自己也因此变得越来越懒惰。后来，由于她的丈夫突发车祸意外身亡，公司也跟着倒闭了，家庭的全部负担都落在露西娅一个人身上，并且她还要抚养两个子女。面对如此困窘的境况，露西娅不得不去工作赚钱。她每天把孩子们送去上学后，便去替别人料理家务，晚上，孩子们做功课时，她还要做一些杂务。有一天，露西娅发现很多现代妇女都因外出工作无暇整理家务。于是她灵机一动，花了7美元买来清洁用品，为有需要的家庭整理琐碎家务。为了这一份工作，露西娅付出了很大的勤奋与辛苦。渐渐地，她把料理家务的工作变为了一种技能，并成立了专门的公司。后来，甚至大名鼎鼎的麦当劳快餐店也找她代劳。如今的露西娅拥有了自己的保洁公司，每天的订单滚滚而来，但是她并没有因此而松懈，仍然夜以继日地工作。

懒惰，从某种意义上讲就是一种堕落，它就像一种精神腐蚀剂一样，慢慢地侵蚀着你。一旦背上了懒惰的包袱，生活将是为你掘下的坟墓。马歇尔·霍尔博士认为："没有什么比无所事事、懒惰、空虚无聊更加有害的了。"对于懒惰的人来说，想要成大事几乎是不可能的，因为懒惰的人总是贪图安逸，遇到一点儿风险就吓破了胆，另外，这些人还缺乏吃苦实干的精神，总存有侥幸心理。而那些能够成大事的人，他们更相信"勤奋是金"。所以在被懒惰摧毁之前，你要先学会摧毁懒惰。现在开始，摆脱懒惰的纠缠，不能有片刻的松懈。

"勤奋是通往成功的必经之路！"这是古罗马皇帝临终前留下的遗言。古罗马人有两座圣殿，一座是勤奋的圣殿，一座是荣誉的殿堂。他们在安排座位时有一个顺序，必须经过前者的座位，才能到达后者——勤奋是通往荣誉圣殿的必经之路。人生的道路也是如此，要想到达成功的圣殿，唯一的道路就是勤奋。

在哈佛，所有的学子都明白这样一个道理：懒惰的人缺少的是行动，他们是思想的巨人，行动的矮子！所以青少年朋友要时刻提醒自己："成事在勤，谋事忌惰。"要知道，人生短暂，懒惰就如同自杀。

◎哈佛考考你

测测你有多懒：父母叫你去邻近的菜市场买菜，这个地方你一次没去过，也不知道菜价，所以你十分不安……下面店铺中，你首先会去哪里？

A.什么都有的小杂货铺

B.各种鱼的店铺

C.只有一种蔬菜的摊档

D.即食品小店

◎**答案分析**

选择A：你是个偷懒高手，在偷懒的同时会做大量的掩饰行为，绝不会让人发现到蛛丝马迹。在别人看来，你是个很忙碌的人，一丝不苟又懂得抓紧时间，可是在你的脑里根本什么都没有，因为你正在偷懒。

选择B：你的懒惰在你的无知上。既然是不知道的事情，那么你就有很多理由去偷懒。即使不知道，你也不会去问，任由这个问题一直拖下去，而这时候正是偷懒的好机会。别人为解决问题而烦恼，而你却乐得清闲。

选择C：你的懒惰只显露在你的讨厌之上，那就是说你是视事情而定的。平时不会很懒，反而让人觉得很勤劳，但是在讨厌的事情上，你的懒惰表现得很明显，让人一看就知道你想偷懒。你觉得不喜欢的事情就算懒些也无所谓，但你可否想过，有些事偷懒后果会很严重的。

选择D：你是懒到了骨子里的人，要你不懒实在太难了，除非世界只剩下你一个人。你相当会找借口，然后懒洋洋地“品尝人生”。你也是个很容易生气的人，如果在你偷懒的时候，别人逼你做你不愿意做的事情，你会立刻翻脸，然后再找理由。

把你的精力集中到一个焦点上

希腊的大哲学家苏格拉底，在哲学方面有很深的造诣，他取得的成就，除了先天聪颖与后天的谦逊好学有机结合之外，难能可贵的是他对每个问题都能认真探讨，殚精竭虑，专心致志地求索答案。无论是严寒还是酷暑，只要有一个问题没有解决，他就会像疯子一样呆站在自家的院子里，冥思苦想，直到彻底想出答案为止。

不是焦点的阳光不会燃烧，有人说，精力集中在一点上能成就万事。所以，做事必须将所有精力投入到一点上，三心二意，只能一无所成。

哈佛的教授也常常善意地提醒学生：一个人的精力是十分有限的，把精力分散在好几件事情上，不是明智的选择，也是不切实际的做法。一个人，对许多事情都感兴趣，或是喜好广泛，这是很正常的事情。可是通常情况下，只有专心地做好一件事，才能有所收益、才能突破人生困境。而那些总是同时想做很多事情的人，结果反而一件事情都做不好。

纵观中外古今，凡大学者、大科学家等，无不是将分散的精力聚集起来，才获得了某个领域的突破的。

李斯特在听过一次演说后，内心充满了成为一名伟大律师的欲望，他把一切心力专注于这项工作，结果成为美国最伟大的律师之一；林肯专心致力于解放黑奴，并因此成为美国最伟大的总统；海伦·凯勒专注于学习说话，因此，尽管她失聪失声又失明，但她还是实现了她的目标……这些成功者的经验告诉我们：“专心”就是把意识集中在某一个特定欲望上的行为，并一直集中到已经找出实现这个欲望的方法，而且坚决地将之付诸实际行动。不要让你的精力转移到别的事情、想法上去，专注于你已经决定去做的那个重要项目，放弃其他所有的事。这样，你获得成功的概率才会更大。如果你还在表示怀疑的话，那么我们再看看下面这个故事。

天黑之前，商场经理在检查新来的售货员莱斯利一天的业务情况。

“今天你向多少名顾客提供了服务？”经理问莱斯利。

“先生，只有一名顾客。”莱斯利答道。

“仅仅一名顾客？”经理有点生气了，继续问道，“那你卖了多少钱？”

莱斯利很平静地回答：“58 334美元。”

经理大吃一惊，有点怀疑自己的耳朵是不是听错了，他问莱斯利：“请你解释一下，仅仅一位顾客，怎么卖了那么多钱？”

“首先我卖给了那位先生一枚钓钩，”莱斯利说，“接着卖给他一根钓竿和一只卷轴。然后我问他打算到什么地方钓鱼，他说去海里。所以我建议他应该拥有一条船——他就买了一艘20英尺长的小型汽艇。运走时，我带他到咱们商场的汽车销售部，卖给了他一辆微型货车。”

经理惊愕不已地问道：“你真的卖了那么多东西给一个仅仅来买一枚钓钩的顾客？”

“不是的！先生，”莱斯利回答说，“他本来是到旁边柜台为他患偏头疼的夫人买一瓶阿司匹林。我对他说：‘先生，您的夫人身体欠佳，周末如果有空，您不妨带着她去试试钓鱼，那真是太有意思了！’事情就是这样的。”

生活中，有的人每天都会做很多事，可是没一件事做得出类拔萃；有的人一生做很多事，却没有一件让他功成名就。这是为什么呢？哈佛大学的教授们常常教导学生说：“做事多少是一回事，做事的质量和成效又是另一回事。如果我们10件事都做不好，那么就把精力集中到一个焦点上，专心做一件事情吧！”

◎**哈佛考考你**

在生活中许多人都有些固执，但固执与偏执是不相同的。适当的固执，为人平添几分“原则美”，而偏执往往会将人生打死结，偏执型人格又叫妄想型人格。既伤害了自己，也伤害了他人，通过下面的心理小测试，来看看你是否固执过头了吧。

1.你对别人是否求全责备?

2.总是责怪别人制造麻烦?

3.感到大多数人不可信?

4.会有一些别人没有的想法和念头?

5.不能控制自己的脾气?

6.感到别人不理解你，不同情你?

7.认为别人对你的成绩没有做出恰当的评价?

8.老是感到别人想占你的便宜?

◎**测试评分**

没有（1分）；很轻（2分）；中等（3分）；偏重（4分）；严重（5分）。

◎**答案分析**

10分以下，不存在偏执情况，恭喜你，你是个心平气和的可爱的人。

15-24分，可能存在轻度的偏执，如觉得环境不顺心，应要引起警惕，原因可能在于自我哦!

25分以上，有偏执的症状，应要学会控制自己的情绪，不要“走火”。此外，遇到大障碍时应向心理医生寻求帮助。

每天让自己进步一点点

哈佛大学的老师常在课堂上对学生说："成功不是一蹴而就的，如果我们每天都能让自己进步一点点——哪怕是1%的进步，那么还有什么能阻挡得了我们最终走向成功呢？"每天进步一点点，并不是很大的目标，也并不难实现。也许昨天的"我"也曾努力磨炼并获得可喜的成绩，但今天的我必须超越昨天的"我"，更加进步，更加充实。人生的每一天都应该充满新鲜的东西。

每天进步一点点就已经足够。在人生的道路上，每天前进一点点，就是稳健的、持续的前进过程。"不进则退"，只要是在前进，无论前进多么小的一点都无妨，但一定要比昨天前进一点点。人生也必须每天持续小小的努力，才能有所成就。

只要我们每天进步一点点，一年就进步365个一点点，持续这样做，人生中任何一点点差距都有可能在几年后相差十万八千里。每天一点点，是我们学习所需要的，也是我们一辈子需要做的事情。每一个人天生都是平凡的，不要幻想自己突然就能脱胎换骨，马上就能成为一个天才。要知道，从平凡到优秀再到卓越，你需要做的仅仅是每天进步一点点。

在1985年的美国职业篮球联赛中，洛杉矶湖人队靠着各位球员已达顶峰的球技，赢得冠军可以说是唾手可得。但是在决赛时，却意外地输给了波士顿的凯尔特人队，这让教练派特·雷利和所有的球员都极为沮丧。

派特·雷利是湖人队以年薪120万美元聘请来的教练，他绝不会让自己和球员一直在沮丧中停滞不前。为了让球员重振信心，他告诉大家说："从今天开始，我们可不可以罚篮进步一点点，传球进步一点点，抢断进步一点点，篮板进步一点点，远投进步一点点，每个方面都能进步一点点？"球员不假思索地答应了他的要求。在之后一年的训练中，球员始终抱着让自己"进步一点点"的精神，不断地提高自己的球技。

终于，在1986年美国职业篮球联赛中，湖人队不负众望，轻而易举地夺得了冠军。派特·雷利在获得冠军的时候，对球员们说："我们的成功不是偶然的，想想，我们12位球员一年中在5个技术环节方面分别进步了1%，所以一个球员进步了5%，全队就进步了60%，在球技上处于巅峰的湖人队，提升了60%，甚至更高，所以我们获得出人意料的成绩是理所当然的。"

每天进步一点点，听起来好像没有冲天的气魄，没有诱人的硕果，没有轰动的声势，可细细琢磨一下，却说出了做人做事要始终如一、求真务实的道理。每天进步一点点，是从小成功到大成功的日积月累；每天进步一点点，是自信心的聚少成多；每天进步一点点，是对失败和挫折的不屑一顾；每天进步一点点，是实现完美人生的最佳路径。

在哈佛，学生们都有这样一种共识：每天都有点滴的进步，不仅能让自己的内在潜能得以充分的发挥，也能积累成功的资本。的确，成功就是每天进步一点点——只要我今天比昨天进步一点点，明天能比今天进步一点点，这样的过程就是成功。

◎哈佛考考你

如果21世纪最壮观的流星雨将会来临，你会选择在哪里看这场流星雨呢？

A.海边

B.山顶

C.草地

D.屋顶

◎**答案分析**

选择A：对你来说，当生活中出现挫折或者失败的时候，最好的安慰是爱情。所以，找到真心相爱的人，是你追求成功的同时必须要考虑的。

选择B：你是一个很乐观的人，相信再大的问题都会过去。对你来说，拥有一帮能够倾吐苦水的朋友是最重要的。

选择C：你有些喜欢靠幻想来排解压力和焦虑。这样的排解可以顶一时之需，但从长远来看，你还需要自我成长、锻炼自己应对现实和挫折的力量。

选择D：你通常喜欢把自己的生活安排得满满的，让工作占据你大多数时间，这样的你比较容易出现人际关系问题。所以，你最需要的是扩大社交圈，融入群体之中。

每一个人面前都有一根栏杆

哈佛大学著名心理学教授塔尔·本·沙哈尔在给学生们讲述如何面对困境时说：“每个人必须经历蹒跚学步才能走出如今优美的步伐，同样每个人也要经历无数次失败才能成功。真正的学生领袖必须懂得如何面对失败，懂得如何战胜自己，从而脱离困境的泥沼。”作为哈佛上座率最高的教授之一，他还给学生们讲述了这样一个故事。

巴拉斯从小生活在一个十分糟糕的家庭中，她的爸爸因患小儿麻痹症，瘸了一条腿，成天只知道赌博和酗酒；她的妈妈有精神分裂症，不仅无法正常工作，一旦病情发作起来，还常常冲巴拉斯大声地吼叫甚至动手打她。由于家庭的贫困，无人管束的巴拉斯整天像个男孩子一样四处疯跑，跟人打架，甚至染上了偷盗的恶习。

巴拉斯的邻居是一个名叫威尔逊的跳高运动员，在巴拉斯12岁那年，他把巴拉斯带到运动场上，准备教她练习跳高。巴拉斯站在运动场上不敢动弹，她胆怯地问威尔逊先生：“我真的能像您一样成为一名跳高运动员吗？”威尔逊反问她：“为什么不能呢？”巴拉斯低下头，小声地说：“难道您不知道，我的母亲是一个患有精神分裂症的人，我的父亲是残疾人，并且还是一个酒鬼，我的家境很糟糕……”

威尔逊摇摇头，再次反问她：“这和你跳高又有什么关系呢？”巴拉斯回答不上来了，是啊，这和她跳高又有什么关系呢，巴拉斯嗫嚅了半天说：“因为我不是个好孩子，而您却是那么优秀。”威尔逊又摇了摇头说：“没有人天生就是优秀的，也没有人生来就是坏孩子。只要你想让自己成为一个优秀的好孩子，那么就一定能够成功的。另外，我要告诉你的是，不要把不好的家境当成你变成好孩子的阻力，而要让它成为你的动力。”

巴拉斯的眼中泪光闪烁，很坚定地点了点头。威尔逊给她加了一个1米高的栏杆，让她跳过去。巴拉斯很轻松就跳过了。接着，威尔逊又将那根栏杆撤下来，让巴拉斯再跳一次，结果巴拉斯仅能跳过0.6米。威尔逊拍了拍她的肩膀，说：“孩子，现在这根栏杆就好像你苦难的家境，正是因为有了这根栏杆，你跳高的时候才有了足够的动力，如果你不相信的话，我现在就将栏杆加到1.2米，你一定能够跳过去的。”威尔逊真的将栏杆加到了1.2米，巴拉斯咬了咬牙，竟然奇迹般地跳过去了。从那以后，巴拉斯对威尔逊说的每一句话都深信不疑，她下定决心要出人头地，以自己的能力来改善处于困境中的家庭。

接下来的日子里，巴拉斯在威尔逊的教导下努力训练，不断地超越自己。后来又经过威尔逊的介绍，加入了体育俱乐部，并在那里认识了罗马尼亚的全国男子跳高冠军约·索特尔。在索特尔的精心培育下，14岁的巴拉斯跳过了1.51米。1956年夏天，19岁的巴拉斯终于跳过1.75米，第一次打破了世界纪录。1958年，她又以1.78米的成绩创造了新的世界纪录，并从此开始了巴拉斯时代。

在1956年到1961年的5年中，巴拉斯共14次刷新世界纪录。1960年罗马奥运会上，她以1.85米的成绩获得她一生中第一枚奥运金牌，比第二名的成绩高出14厘米。1961年她再创世界纪录，越过了被誉为“世界屋脊”的1.91米的高度。此纪录一直保持了10年之久。她从1959年到1967年，在140次比赛中获胜，是世界上跳高比赛获胜最多的女运动员，人们也因此称她为喀尔巴阡山的“女飞鹰”。

其实，我们每个人面前都有一根栏杆，那根栏杆的名字叫贫穷、饥饿、失业、灾难或是生活中的种种不如意，它们也许给我们巨大的压力，但是我们不能向它们屈服，而是化压力为力量，志存高远，飞越面前的栏杆，向着人生更高的目标奋斗。

的确，在人生的旅途中，通往理想的道路上总会遇到大大小小的困难和挫折，它们就像一根根横在自己面前的栏杆，会阻碍着我们前行的脚步。有人因为这一点力量的阻碍，开始埋怨、消沉、哀叹命运。但是，有的人却化阻力为动力，跨越心灵的栏杆，越飞越高。

◎**哈佛考考你**

测测你的抗挫折指数：想象一下你在一个小公园里，总会觉得这个公园少了点什么，你的直觉是少了下面哪一样东西？

A.秋千椅

B.跷跷板

C.溜冰场

D.带狗散步的人

E.喷水池

◎**答案分析**

选择A：抗挫折指数：80%

你因为怕家人担心，而努力让自己站起来。你的心很软，牵挂父母家人，工作上如果跌倒或失败，你第一个想法就是不能让家人担心。

选择B：抗挫折指数：55%

你有运动家精神，会反省失败的原因再站起来。你有自己的平衡点，失败时第一直觉就是会静下来反省自己到底哪里出了问题，之后再参考很多宝贵的意见重新出发。

选择C：抗挫折指数：99%

你不服输的钢铁性格会在最短时间里站起来。你的字典里面没有失败和输这几个字，你觉得自己有不好的时候一定会拼命让自己做到最好，而且把运动家钢铁的精神发挥得淋漓尽致。

选择D：抗挫折指数：40%

你需要好朋友或爱人给你力量找回信心。你内心深处需要很多很多的爱作为你的原动力，因此你受到挫折时家是一个很温暖的地方，在家人的鼓励下你才有勇气站起来。

选择E：抗挫折指数：20%

你会想当流浪汉，先流浪一段时间再找新机会。你对人非常信任，如果失败，最重要的原因是对信任的人失去信心，或者是信任的人将你出卖。这时你会对人性有不信任的感觉或有疏离感，因此会让自己去放空，流浪一下。

记住！最好的往往都在下一次

哈佛学子艾伦，是一个志向高远的孩子，他曾经以全额奖学金赢得哈佛大学的青睐。在他刚入哈佛的时候，给他印象最深的一堂课，是沙尔老师的一次公开讲座。沙尔教授在讲座中对同学们说："我希望你们记住：最好的，在下一次。"

沙尔教授对他的学生们说："现在所取得的成就与你希望取得的成就相比，是微不足道的。也许在同班同学里面，你已经是最优秀的了，但是和其他人比呢？为取得的成绩而开心是应该的，这表明你向理想前进了一步，虽然是小小的一步，但是也缩短了中间的距离，不是吗？但是要在心里时刻记着，自己还能够做得更好！这样，才能更快地向理想靠近。"

爱迪生是众所周知的大发明家，他的成功无不体现着寄希望于下一次的精神。据说爱迪生为了找到一种合适的灯丝，前后经历了不下1600多次的失败，最后才得以成功。

虽然在1821年，英国的科学家戴维和法拉第就发明了利用炭棒做灯丝的电弧灯，但是在爱迪生看来，这种电弧灯并不适用，而且光线太过刺眼，使用一次要消耗大量的电能，最重要的是持续时间不长。对此，爱迪生暗下决心，要找到一种可以发出柔和灯光的电灯，让千家万户都能用得上。

于是，他开始了自己的试验，找出一种可以作为灯丝的材料。爱迪生发现，用传统的炭条做灯丝，可是只要一通电灯丝就断了。用钌、铬等金属做灯丝，通电后，也只是亮了片刻，也会被烧断……就这样，爱迪生前后共试验了1600多种材料。

在爱迪生看来，每一次的失败，都是向成功靠近一步。他相信下一次自己一定会成功，正是这样的一种心态，使得他不断地前行，继续着自己的试验。

最后，经过严密的试验，爱迪生发现如果用炭化后的日本竹丝来做灯丝效果是最好的。后来，人们一直使用这种用竹丝做灯丝的灯泡。爱迪生正是借助下一次是最好的，使自己在成功的道路上，顺利地走过了失败。据了解，在爱迪生去世的那一晚，整个美国为了纪念他发明了此种灯丝的灯泡，停电一分钟，就连自由女神的灯光也不例外。

哈佛学子每次取得成就之后，都会在心中告诉自己，这还不是最棒的，还有下一次，下一次一定会做得更好！

你能说出怎么样才是最好的吗？其实最好的永远在下一次，而下一次在将来的某一天。因为还没有达到，才能激发你追逐的动力。每次取得好的成绩，可以小小地自得一下：我原来挺厉害的嘛！但也要清醒地告诉自己，这还不是我想要的结果。俗话说："虚心使人进步，骄傲使人落后。"你想到那高高的山顶看日出日落，而现在不过是在半山腰。虽然也有草木青葱、百花盛开的美景，但是毕竟不是你的梦想所在！所以就先歇歇脚，然后继续向着山顶出发吧：那里的美景更值得期待！

◎哈佛考考你

打扑克牌，四家争上游，去掉大小王，每人13张牌，（三个四个都不能带牌，也没有姊妹对，四个可以炸其他的牌）如果是你起手以后的牌是5666678999QKK由你第一个出牌，你会先打什么牌？

A.999

B.56789

C.666

D.5

E.7

F.99

◎**答案分析**

选择A：等待机会者。很多时候，本可以做好的事情，你却总把主动权交到别人的手中，冒险等待对手的失败，然后你才能获得机会。

选择B：精于计算者。看似有勇无谋，连可以逆转的底牌都悄然放过，实际上，一切早就在你的计算之中。

选择C：赌博者。在工作中，你会希望好运可以降临在自己头上，但实际上，往往冲动会坏事，一些其实可以把握住的机会也被浪费了。

选择D：本分者。你相信只要把本职工作做好，一定会有好运降临，你会静静地等待领导的赏识和提升，不到迫不得已，换工作对你来说是那么遥远。

选择E：自信的冒险家。你精于全局筹划，定下目标不会更改，虽然计划有些冒险，但你对自己的计划充满信心，相信可以成功。

选择F：谨慎的计划者。在工作中，你习惯中庸地靠后一步，但绝不会放弃机会，根据形势，最后做出最好的决断。

机会总青睐那些勤于奋斗的人

曾就读于哈佛大学的世界首富比尔·盖茨说：“亲爱的朋友们，我认为你们应该重视那万分之一的机会，因为它将给你带来意想不到的成功。有人说，这种做法是傻子行径，比买奖券的希望还渺茫。这种观点是有失偏颇的，因为开奖券是由别人主持，丝毫不由你；但这种万分之一的机会，却完全是靠你自己的主观努力去完成的。”

的确，现实生活中每个人都渴望抓住机遇，因为在某种意义上，机遇就是一种巨大财富，它对改变人生面貌具有巨大的作用。很多的成功人士无不例外地认为，机遇成就了他们的事业，机遇带给了他们无尽的财富。但是机遇却又是稍纵即逝，极不容易把握，有时也许只存在万分之一的可能，但是毕竟它存在着。只要有锲而不舍的毅力去争取，就一定能有所收获，有所建树。

哈佛的学子们明白一个道理：无论发现机遇还是抓住机遇，都要靠能力而不是靠运气。因为机遇常常青睐那些有准备的人，而一个勤奋的人当然有更多抓住机遇的机会。

一家知名公司的标语牌写有这样一段话：如果你有智慧，请你贡献智慧；如果你没有智慧，请你贡献汗水；如果两样你都不贡献，请你离开公司。还有一些著名的大企业总是把勤奋刻苦、自觉执行作为对员工的最好教育。在一个公司里，并不是具有杰出才能的人才容易得到提升，那些勤奋刻苦、自觉执行并拥有良好技能的人也同样有更多的机会。

当年轻的罗纳德流浪到美国的时候，口袋里只剩下不到5美分了，而且他也没有一技之长。他所拥有的，只是一个发财的梦想。罗纳德非常清楚，发财的希望不是靠偶然的机遇，而是要靠自己的勤奋努力。于是他下定决心，要用自己的双手，创造一番属于自己的事业。

在刚到美国的两年内，罗纳德频繁地更换工作，而且每次从事的工作性质都不同。但对任何一项工作，无论是做机修工还是搬运工，他都认真对待，绝不马虎。不过，一旦他对这项工作的技能完全掌握，就马上跳槽。他希望天天有进步，不愿在自己熟悉的事情上浪费时间，尽管他工作的时间并不长，但经验却比任何人都丰富。

两年之后，有一位老板看中了他的才干和敬业精神，决定把整个工厂交给他管理。罗纳德做了主管后，将工厂管理得很好，他自己的收入也非常可观。可是半年后的某一天，他很突然地向老板提出了辞职，跳槽到一家日用杂品厂当了推销员。老板疑惑不解，可是罗纳德知道，要想成为一流的商人，只具有企业管理经验是不够的，还必须要做到了解市场，了解顾客的需求。推销无疑是一份最接近顾客的工作，于是，他干起了推销。

经过几年的实践与磨炼，罗纳德对自己的才能充满了信心。这时候，在他的眼里，遍地都是黄金，到处都有赚钱的机会。于是，他买下了一家濒临倒闭的工艺品厂，经过一番整顿，很快使它起死回生，成为一家赢利状况极佳的企业。他并没有因此而满足，而是再接再厉，买下了一家又一家破产企业，并像个能治愈百病的专家一样，使它们重焕生机。

罗纳德的财富如同滚滚洪流般飞涨。20年后，这位白手起家的青年轻轻松松迈入亿万富豪的行列，并且十分热衷于慈善事业。在一次捐赠活动中，罗纳德讲述了自己成功的经验，他说："一个人要在有限的生命中创造出大事业，仅靠苦干蛮干是行不通的，要靠你富有智慧的大脑，要靠你那犀利的双眼看准时机去把握机遇，并且要用你勤劳的双手将它变成现实的财富，这才是你智慧的体现。"

在生活中，那些终生平庸的人有一种奇怪的想法：如果遇到很好的机会，我一定做得很好。所以，他们老是哀叹自己没机会。其实他们更应该问问自己，是否为那个机会努力奋斗了呢？

过去的经验告诉我们，等待机遇是一种极其愚蠢的行为。你不要以为机遇像是一个到你家里来的客人，敲敲门，等待你开门把它迎进去。事实恰好相反，机遇是不可捉摸的，无影无形、无声无息，它有时潜伏在你努力的工作中，有时徘徊在无人注意的角落里。假如你不用苦干的精神，努力去寻求、去创造，也许你永远不会遇着它。

哈佛的校园里流行着这样一句经典的话：勤奋，会使平凡变得伟大，会使庸人变成豪杰。成功者的人生，无一不是勤奋创造、顽强进取的过程。而机会总青睐那些勤于奋斗的人！

◎哈佛考考你

你是一个努力上进的人吗？

夏天，一位年轻人坐在公园的椅子上看书，看样子像是考生，只见他在看一本像是英文的参考书。突然，他合上书本，请猜猜看他合上书本的理由。

A.突然觉得要下雷阵雨的样子，于是匆忙合上书本，准备回家。

B.因为想睡觉，于是以书本为枕，在椅子上开始午睡。

C.因为觉得时间紧迫，于是看了一下英文之后，打算立刻再读别科。

◎答案分析

选择A：雷阵雨，是会淋湿书本、头发，令人感觉不太舒服的事物。故选此答案的人，是想回避此种情况，显示是属于自我防卫本能比较强的人。你的不安比别人强一倍，对可能威胁到自我的危机相当敏感。因此，一旦察觉自己身处危机的状况时，通常会力争上游、发挥潜力。倘若陷入低潮的话，也能化危机为转机，及早摆脱困境。

选择B：午睡，显示乐观的潜在心理。此种人的循环性气质很强，容易受当场的气氛感染。一旦感觉情绪低落时，可以借着运动、休闲来变换心情，或是改变工作、生活环境，让自己轻松一下。如此一来，便能摆脱困境，重新出发。万一遇到极度低潮的状况，换个新工作或是改变生活环境，都是不错的主意。

选择C：改念别科，表示一种可能性或上进心。此种人原本提升自我的欲望就很强。因此，当陷入低潮时，可以去找德高望重的人开导，不然就是阅读名人传记，接受精神上的刺激。因为这样可以激发上进心，不会被一点小小的挫折击垮。

第三章

发表独立宣言：没有人可以替你成长

自立自强，没有人可以替你成长

毕业于哈佛大学的肯尼迪一直是美国人民的骄傲，同时他也是哈佛人的骄傲。哈佛大学为了纪念这位伟大的美国总统，建了肯尼迪政治学院。在那里，人们时常能够听到有关肯尼迪的故事。

约翰·肯尼迪是美国历史上最年轻的总统，也是美国历史上唯一获得普利策奖的总统。在肯尼迪很小的时候，他父亲就特别注意对他独立性格的培养。有一次他父亲赶着马车带他出去游玩，在一个拐弯处，因为马车速度很快，猛地把小肯尼迪甩了出去。当马车停住时，小肯尼迪以为父亲会下来把他扶起来，但父亲却坐在车上悠闲地抽起烟来。

小肯尼迪趴在地上叫道："爸爸，快来扶我。"

"你摔疼了吗？"父亲抽着烟，毫不在意地问。

"是的，我自己感觉已站不起来了。"小肯尼迪带着哭腔说。

"那也要坚持站起来，重新爬上马车。"父亲收回了自己的目光。

小肯尼迪挣扎着自己站了起来，摇摇晃晃地走近马车，艰难地爬了上去。这时，父亲摇动着鞭子问小肯尼迪："你知道为什么让你这么做吗？"小肯尼迪摇了摇头。父亲吸了一口烟，目光直视着前方说："人生就是这样，跌倒、爬起来、奔跑；再跌倒、再爬起来、再奔跑。在任何时候都要靠自己，没人会去扶你的。"

小肯尼迪望着父亲坚定的目光，好像明白了父亲的话。从那以后，他变得自立起来，经过自己的努力奋斗，最终在1960年当选为美国总统。

肯尼迪之所以能够成为美国总统，有很大一部分原因得益于他在很小的时候就树立了独立自主的意识，凡事都试着自己去做。自立自强是生存的基础。如果一个人总是依靠别人的搀扶才能够行走，总是要靠别人的指点才能够行动，那么这个人一旦失去了别人的帮助，就没有独立生存下去的能力。

在西方世界中，青年人较强的自立意识十分值得我们学习。尊重个人价值、个人尊严是自立、自强观念的核心。美国人的自立意识是生活方式中的个人主义及根本观念。其含义是相信每个人都具有价值，都应按其本人的意愿和表现来对待和衡量。这种个人主义同自私自利不同，它表现在社会实践中，对个人独立性、创造性、负责精神和个人尊严的尊重。在家庭中，孩子应受到作为个人所应受到的尊重。成年后，他们对自己的生活和前途有选择的权利和自由，且对自己的遭遇不论好坏有负责的义务。父母只能起“咨询作用”，不能为儿女代为安排个人的事宜。成年儿女一般都自立门户，独立生活。

可以说，自立是青少年准备面向未来的重要素质，也是他们迈向成熟的第一步。在生存的道路上，自立是最开始的准备工作。俗话说，“总在窝里的鹰永远也不会飞”，要做到自立自强，有时候就要对自己有一股“狠”劲儿，要逼着自己经历风吹雨打，哪怕冻得牙关紧咬；要扛起最重的担子，哪怕压得气喘吁吁。

如今，“独立自主”已经成为美国等西方国家青少年教育的“传统”，在这种传统的教育下，这些国家的青年们都有较强的自立意识。美国的一些大学生，尽管他们的父母很有钱，他们也不愿仰仗自己的父母。毕业后如果找不到合适的工作，用不上专业特长，宁可降格以求，大材小用。目的是要有工作，自己挣钱独立生活。

作为青少年应该明白，在人生的道路上，没有人可以替你成长。如果一个人总是依靠他人，将永远也坚强不起来，永远也不会有独创力。人活一生，要么独立自主，要么埋葬雄心壮志，一辈子老老实实做个普通人。对于想成大事者而言，拒绝依赖他人是对自己能力的一大考验。依附于别人，就是把命运交给别人，放弃做大事的主动权。少一份依赖，就多了一份自主，也就向自由的生活前进了一些，向成功的目标迈近了一步。

◎哈佛考考你

你能与朋友们相处得很融洽吗?

如果今天是你的生日，你兴致勃勃地请一些同学和同事来参加你精心准备的生日宴会。新朋旧友齐聚一堂，其中有一个家伙居然穿着一身“乞丐服”出场，使你觉得浑身不自在。请问你将如何处理这件事?

A.直接对他说：“你不觉得破坏了今天的盛会吗?”

B.在背后贴个标语整整他。

C.调侃说：“不错嘛！这身打扮很适合你。”

D.一句话都不说，一笑而过。

E.间接地提醒他，并说出自己的感受。

◎答案分析

选择A：你的个性十分直爽，做事从不拖泥带水，也不会像一些敢怒不敢言的变色龙一样心口不一，颇具“将相本无种，男儿当自强”的气魄。可是这种性格最显著的缺点就是不给自己和别人留后路，容易得罪人。

选择B：你的方式总是很特别，而且你容易和周围的人打成一片。这个“打”字有两种意义：一是热烈的意思，二是真的打起来。无论如何，你的开放性格，是这个社会动力的源泉，值得提倡。不过要注意场合和分寸，方式不能太过激。

选择C：你总是喜欢故作神秘状，但是任谁都知道你在讽刺他，但也只是心照不宣。幸好，你善于和颜悦色，颇有人缘。你的危险之处在于说话时流露出的恶意的讽刺，这样很容易伤人的。

选择D：你总是含蓄地不肯表达对别人的看法，让人觉得很冷。不善人际关系是你的隐忧，因为你的本质较为内向，行事太过保守，不能给别人特别的帮助。不过你的本质是非常善良的。

选择E：你始终不能和亲戚朋友以不拘小节的方式进行沟通，人际关系虽好，但不见得真实。即使是再亲密的朋友，也总给人一种刻意经营的感觉，不够自然，不够真实。乍看之下，你好像是真心对待朋友，时间久了，就会让人产生疏离感。

靠自己成功，命运就在自己手里

莉兹·默里是一个美国的“80后”女孩，由于家庭的变故，从小她就只能四处流浪。但是莉兹·默里并没有接受命运的安排，而是坚强地面对生活的挫折。她用两年的时间完成了四年高中学业，并且以全校第一名的成绩被哈佛大学录取，创造了一个人生奇迹。如今，莉兹·默里正在哈佛攻读博士学位。她的自传《破晓》受到读者热烈追捧，这本被称为“对生存的惊险记载”的传记迅速登上畅销书排行榜。由她的经历改编而成的电影《从无家可归到哈佛》也受到全世界影迷的喜爱。

莉兹·默里成功的秘诀就在于，面对艰难与困境的时候，仍然保持一颗执着、坚强和不断进取之心。在残酷的现实面前，她仍然依靠自己的努力，将命运握在自己的手里。在莉兹·默里刚刚进入哈佛校园的时候，她的导师给她讲了这样一个故事：

有一位农夫驾着一辆满载干草的马车走在乡间的路上，没想到却陷进了泥坑里。在乡下的田野上，根本不会有人来帮这个可怜人的。这完全是命运之神有意惹人发怒而安排的。由于车子深深地陷入泥坑里无法动弹，为此农夫大为恼火，他骂泥坑，骂马，又骂车子和自己。无奈之中，他只得向举世无双的大力神求救。

“尊敬的大力神，”农夫跪在地上恳求道，“请你帮帮忙，你的背能扛起天，把我的车从泥坑中推出来对你来说应该是举手之劳。”刚祈祷完，农夫就听到大力神在云端发话了：“神要人们自己先动脑筋、想办法，然后才会给予帮助。你先看看，你的车困在泥坑里究竟是什么原因？为什么会陷入泥坑？拿起锄头铲除车轮周围的烂泥，把碍事的石子都砸碎，把车辙填平，你不自己尝试一下怎么行呢？”

过了一会儿，大力神问农夫：“你干完了吗？”农夫点点头，十分虔诚地说：“是的，我干完了。”

“那很好，我来帮助你。”大力神说，“拿起你的鞭子。”

“我拿起来了……这是怎么回事？我的车走得很轻松！大力神赫拉克勒斯，你真行！”

这时神发话说：“你瞧，你的马车很顺利地就离开了泥坑，遇到困难，要先自己动脑筋想办法解决，老天才会帮你一把。”

导师说的这个故事对莉兹·默里的启发很大。在以后的日子里，不管她遇到什么问题，都没有抱怨，也没有依赖别人。其实，在莉兹·默里的心中一直有这样一个信念：凡事只能依靠自己！的确，每一个人都能够从自身力量中汲取动力。在这种动力的激发下，挫折不仅不会变成不幸和痛苦，相反，通过吃苦耐劳，坚忍不拔的自助实干，挫折和不幸会转化成为一种幸福，它能够唤起人们奋发向上的激情，并为之勇敢地战斗。

中国著名的台湾女作家三毛曾经说过：“在我的生活中，我就是主角。”一个人唯一可以依靠的是自己，除了你自己，没有任何一个人可以带给你成功。你是你命运的主人，你是你灵魂的舵手。你发现自己的那一天，就是你人生成功的开始。

◎哈佛考考你

对于运气和倒霉，你倾向以何种心态去面对？

想象你正独自一人拾级而上，到山上的寺庙烧香，这时候你首先会看到什么？

A.庙里的和尚

B.不相识的人

C.一只小狗

D.一只小猫

◎答案分析

选择A：对于命运的内涵，有着深刻的体会，时常涌现某种宿命的观感；有着巨蟹座、处女座和双鱼座感慨颇多的倾向。

选择B：好运时似乎忘了命运为何物，倒霉时就感叹上苍的不公平；有着双子座、摩羯座和水瓶座感叹的倾向。

选择C：不是不感叹，而是很谨慎地在很好运或很倒霉时，才短暂地叹上一声；有着白羊座、狮子座和射手座短叹一声的倾向。

选择D：有点相信又有点不是很相信造化弄人，感叹是莫名的心绪反映；有着金牛座、天秤座和天蝎座非叹亦叹的倾向。

敢于推开那扇虚掩的门

哈佛心理学教授通过研究发现一个十分有趣的现象：人们在做某件事情之前，首先会对自己形成一种心理暗示，比如将一块宽30厘米、长10米的木板放在地上，人们通常都能够轻易地从上面走过去。但如果把这块木板放在高空中，许多人就会因此恐惧而不敢迈步。这时人们往往会在心中进行自我暗示：我会掉下去。在这样的暗示作用下，他们会感到恐惧，害怕自己真的会掉下去，虽然事实并没有发生，但是，他们内心还是会隐隐不安。

事实上，很多看似闯不过的难关，只是需要全力以赴地往前冲，就可以成功地迈过那道坎儿。正如阿里巴巴的总裁马云所说："今天很残酷，明天更残酷，后天很美好，很多人都倒在了明天晚上。"成功确实需要不懈的努力，但是更需要敢于打开那扇虚掩之门的勇气。

一位国王决定出一道题，考一考他的大臣们。他把所有的大臣带到一扇巨大无比的铁门面前，然后对他的大臣们说："这是我们王国中最大的一扇门，你们之中有谁能把它打开？"

大臣们面面相觑，看着这扇高大的铁门，摇了摇头。有的大臣嘀咕道："这扇门这么大，又是巨铁打造的，一定很沉，一个人怎么能够推开呢？"有的大臣说："这扇门后面肯定锁着呢，是推不开的。"还有的大臣说："这扇门一直没有打开过，肯定生锈了，是打不开的，还是不要试为好。"

有一位德高望重的大臣咳嗽了两声，然后说："我已经这么大年纪了，怎么有力气推开这么重的一扇铁门呢？"

大臣们在底下议论纷纷，有一部分大臣不明白国王的意图，认为静观其变才是最稳妥的做法。还有一部分大臣装腔作势上前看了看，但是想了想还是没有动手，因为他们不想当众出丑。正在大臣们苦思冥想的时候，国王7岁大的儿子突然跑了过来，他见父王以及大臣们都看着那扇大铁门，一时好奇，走到大门前面，用小手轻轻一推，大铁门豁然被打开了。

原来，这只是一扇虚掩的门，根本就没有上锁，尽管大门上生出了斑斑锈迹，但是并没有被封死。那些大臣们没有打开的大门，却被一个7岁大的孩子推开了，这是因为小王子身上具有大臣们没有的勇气。

在这个世界上，只要你真实地付出，就会发现许多门都是虚掩着的。一扇虚掩着的门，后面就是一个未知的世界，只要你勇敢地伸出手，全世界的门都会被你打开。然而，在现实生活中，很多青少年朋友就像那些大臣们一样，还没有去做、去尝试，就觉得自己不行。他们总是生活在自己的狭小圈子里，没有过多地接触新鲜事物，也不能对它们进行思考，所以没有多大进步和成功。过着这样一成不变的、犹如一潭死水的生活的人，即使有了梦想也无法实现。

哈佛教授告诉学生们：勇敢向前，推开那扇虚掩的门。青少年朋友们也应该明白，消极等待的人永无出头之日，被动得到的只能是残羹剩饭。真正有梦想的青少年，会做一位勇者，勇敢地推开那扇虚掩的门，勇敢地接受未知世界的挑战，不会让那扇虚掩的门变为自己成功的障碍。

◎哈佛考考你

测试你是否有一个温馨的家庭：你在熟睡时感到非常口渴，在迷迷糊糊的状态中，有人递给你一大盘新鲜水果，让你顿时垂涎欲滴，你认为那会是什么水果呢？

A.苹果

B.香蕉

C.番茄

D.草莓

◎**答案分析**

选择A：你与家人之间有爱，但气氛压抑。大家都很客气，算是相敬如宾，但无法分享心中真正感受。在外人看来，你们的关系甚至很冷漠，但你们习惯于这种交流方式，可能这也是一种表达爱的方式吧！

选择B：你们关系有点热烈，是紧张的热烈，沟通方式有待加强。往往大家各持己见，谁也不服谁的说法。家中经常上演僵持不下的局面，其实在吵的过程中就已经体现出家庭气氛了。

选择C：你和家人关系密切，依赖程度深，但正因如此，自成团体，大家老是黏在一起，容易忽略和朋友等其他“外人”的关系。要尝试一个人过生活。

选择D：你的家庭一定有着和谐宁静的气氛。你生活在一个幸福的家庭中，家人间的关系亲密，却也有个人空间，真令人羡慕。自己可要珍惜，别在无意中伤害了家人之间的感情。

有主见，敢于说出你的观点

每一个人对待事物的看法和评价都不同，一味在意别人的看法而没有自己主见的人，很容易迷失自己的方向；而那些拥有自己主见，敢于说出自己观点的人，更容易主宰自己的命运，也更容易获得成功。

多年以前，哈佛文学系有一位学子酷爱文学，他花费了大量心血创作了一篇小说，希望能得到一位著名作家的指点。因为作家患有眼疾，他便将作品念给作家听。读到最后一个字，他停顿下来。作家问道："念完了吗？"听作家语气好像意犹未尽，十分期待下文。这让他感到高兴，也激起了他心中的创作激情，便马上来了灵感，对作家说："没有啊，下面的故事将更加精彩。"他按照心中的构思继续念下去。

几个小时就这样过去了，当他念完一个段落时，作家似乎难以割舍地问道："念完了吗？"

他心想：我的小说一定精彩绝伦，令人欲罢不能。他的心中越来越兴奋，也更富于创作激情，于是继续念下去……也不知道过了多久，电话铃声突然响起，他的思路被打断了，再也念不下去。这时，作家才说："其实你的小说早该结束了，在我第一次询问你念完没有的时候，就应该结束，为什么要画蛇添足呢？你根本没有把握好情节脉络，尤其缺少决断。对于一个优秀的作家来说，决断是必备的素质。要知道，拖泥带水的作品，是不能打动读者的。"

听完作家的这一番话，他后悔莫及，心想：自己的情绪很容易受外界左右，不能静下心来，把握作品的主旨，看来自己并不是当作家的料。可是，几个月以后，他遇到了另一位作家，当他羞愧地谈及往事时，这位作家对他赞不绝口，认为他反应迅捷，思维敏锐，编造故事的能力如此强盛……这些都是当作家的天赋啊！

不同的两位作家，从不同的方面给予了两种完全不同的评价，他听完后，不禁感到茫然。

作为一个具有正常思维的人，谁都不会漠视他人对自己的评价。很多时候，他人的议论，他人的说道，他人的观点，他人的态度都会对自己的心情和行为产生极大的影响。赛场上的啦啦队员无疑会影响到运动员的士气，从而影响到运动员的成绩。他人的意见往往也是我们自己行为的镜子，我们总是在别人的目光中调整自己的人生坐标。

可是，当我们认准了目标，并决心要实现这个目标时，就不能太在意旁人的说法和看法。如果老是被别人的看法左右自己的行动，如果让自己活在别人的目光和唾液里，如果缺乏主见，一辈子匍匐在别人的脚下，那我们也许一辈子都将一事无成。

哈佛教授告诉学生们，人要忠于自己，不必老是顾虑别人的想法，或总是想要取悦他人。生命的可贵之处就在于按自己的想法生活，做你自己。不论做任何事，都要顺着你心中所想的去做，独立思考，拥有自己的主见，敢于说出你的观点。

◎哈佛考考你

测测你是否是一个有主见的人：在一间只有一张四方台的包房里和朋友聚会，你是第一个到达的，你会选择哪一个座位？

A.背靠墙，面向包房门口的座位

B.房间两侧的座位

C.背向房门，面向里墙的座位

◎**答案分析**

选择A：你是一个很有主见，且有权力倾向的人，一般能独当一面，是当领导的材料。选择背靠墙，因为墙是安全的，不可能隐藏有敌人或对手，无后顾之忧；面向门口，能一眼看清楚环境的变化，对一切事情都能在第一时间知道，有把一切都掌握、控制在手的倾向。能够让自己无后顾之忧，又能把一切变数都掌握在手的人，通常都很有主见。如若综合素质不错，定能有所作为。

选择B：此类人通常都是碌碌无为随大流的人。有一点自己的见地，但会视环境而做变数，随波逐流，通常难成大事，难以有大作为。（注：如此人心里想坐的是A座位，但会故意坐在B座位的人则另当别论，说明此人很有心计，心有大志，却深藏不露、毫不张扬，是个难以对付的人物。）

选择C：畏缩怕事之人。明知背后是门口，有敌人侵不能发觉，为求一时安全而自欺欺人。面向墙壁，一目了然，是安全的；背后是无尽变数，却宁愿看不到而求得一时安逸。这类人多数胆小怕事，遇到问题首先想到的不是面对解决，而是逃为上策，逃避心理极强，终其一生，难成大事。

不下水的人，永远不可能学会游泳

哈佛大学的老师们总是告诫学生，“不下水的人，永远不可能学会游泳”。所谓梦想，不是用来想的，而是带领你向前跑的。许多事情看着容易，其实不然。只有自己亲身体会过了，才能明白其中的难处，才能知道如何去克服这些困难。否则，所有的困难都是你凭空想象出来的，那么你自己以为会的本领其实也是虚的，一旦真的遭遇困难了，你会发现原来一切都和自己想象的不一样。

塔玛拉是一个可爱的小姑娘，可是她有一个坏习惯，那就是她每做一件事时，总是爱让计划停留在口头上，而不是马上行动。和塔玛拉住在同一个村子里的沃伦先生有一家水果店，里面出售本地产的草莓。一天，沃伦先生对塔玛拉说：“你想挣点钱吗？”

“当然想，”她回答，“我一直想有一双新鞋，可家里买不起。”

“好的，塔玛拉。”沃伦先生说，“隔壁卡尔森太太家的农场里有很多长势很好的黑草莓，他们允许所有人去摘。你去摘了以后把它们都卖给我，1夸脱（美制：1夸脱等于0.946升）我给你15美分。如果你摘得足够多的话，就有钱买你想要的新鞋了。”

塔玛拉听到可以挣钱，非常高兴。于是她迅速跑回家，换上衣服，拿上一个篮子，准备马上就去摘草莓。这时，她不由自主地想到，要先算一下采5夸脱草莓可以挣多少钱比较好。于是她拿出一支笔和一块小木板，计算结果是75美分。“要是能采12夸脱呢？”她计算着，“那我又能赚多少呢？”“上帝呀！”她得出答案，

“我能得到1美元80美分呢！”

塔玛拉接着算下去，要是她采了50、100、200夸脱，沃伦先生会给她多少钱。她将时间花费在这些计算上，不知不觉就到了中午吃饭的时间了，她只好下午再去采草莓了。

塔玛拉吃过午饭后，急急忙忙地拿起篮子向农场赶去。而许多男孩子在午饭前就到了那儿，他们快把好的草莓都摘光了。可怜的小塔玛拉最终只采到了1夸脱草莓。

回家的途中，塔玛拉想起了老师常说的话：“办事得尽早着手，干完后再去想。因为1个实干者胜过100个空想家。”的确，只有真正行动起来，才能让计划变成现实。一张地图，无论多么翔实，比例多么精确，也永远不可能带着主人周游列国；严明的法规条文，无论多么神圣，永远不可能防止罪恶的滋生；凝结智慧的宝典，永远不可能缔造财富。只有行动才能使这一切具有现实意义。

哈佛学子，美国第32任总统富兰克林·罗斯福曾经说过：“生活好比橄榄球比赛，原则就是：奋力冲向底线。”再美好的梦想，离开了行动，就会变成空想；再完美的计划，离开了行动，也会失去意义。青少年朋友们要实现自己的理想，就应当注重行动，在行动中实现自己的梦想。

黑格尔曾经一针见血地指出：世间最可怜的，就是那些遇事举棋不定、犹豫不决、彷徨歧路、莫知所趋的人；就是那些没有自己的主张，不能抉择，唯人言是听的人。这种犹犹豫豫、毫无自信的人，缺乏的就是敢想敢干的胆略。

如果你真的想学会一件事情，就放手去做，只有投身其中，你才能懂得其中的酸甜苦辣。对没有亲身经历过的事情，就没有发言权。别人的经验只能用来借鉴，而最有价值的是你在行动中自己总结的，不仅因为它更深刻，也因为对你来说最有用。如果喜欢游泳，就跳到水中，自己去触摸一下梦想吧！

◎哈佛考考你

你是天真的行动派吗？

你急着要上楼，当你赶到电梯前的时候，电梯刚好上楼去了，于是，你只好再等下一趟电梯了，等待中，你会做些什么动作呢？以下的答案，请选出一个最接近的吧！

A.重复地按电梯按钮

B.走来走去

C.看电梯周围的告示板

D.低着头，无意识地看着地板

E.紧紧盯着显示电梯位置的灯号

◎答案分析

选择A：天真的行动派——你是心无旁骛的行动派，一想到要做的事情就一定要立刻完成，一刻也等不得，当时机未能如愿时，就会显得有些焦躁。你对事物热衷的时候，眼里可容不下其他的事情！由于你总是显现出你的真诚与天真，反而能为你赢得信任与好感。

选择B：神经质——你有些神经质！你发现了吗？来回地踱着方步，陷入自己的想象世界，正是神经有些紧绷的象征。你的直觉感受度非常敏锐，常常能凭直觉就判断出事物的真相，而且对人事物的好恶落差也相当明显，你是带着艺术家气质的人，常常陷在烦恼之中。

选择C：外表冷漠——你是一个随时不忘接收资讯，充实内在的人。你并不太热衷人际关系的建立，也对人一直保持着适当的礼貌距离，外表看起来，你是给人冷淡印象的。你会将心思用在探索自己的内在领域，或是阅读更多的资讯和书籍，这就是你和所存在的世界沟通的方式了。

选择D：消极被动——你是消极而温顺的人。你总是善意地接受外来的人事物，不会有太多的反抗，即使心中有很多想法，也会顾虑太多，说不出口。你还蛮受人欢迎的，因为你总是表现得“人畜无害”的样子，所以大家还蛮喜欢跟你来往的！

选择E：中流砥柱——你是处世用心、谨慎的人。固守着岗位是你的坚持，即使有什么突发的状况或是不如意的事，你仍然能按着自己的步调，做自己该做的事，决不会被迷惑，自乱阵脚，可以说是中流砥柱，很值得信赖的人。

若失去了勇气，就等于把一切都丢掉了

哈佛有这样一句名言：在勇气面前，任何困难和挑战都是它的手下败将。勇敢地面对挑战，像老虎一样勇敢地面对工作中的一切艰难险阻，才是成功开拓者的特有本色。歌德也曾经说过："你失去了财产，你只是失去了一点；你失去了荣誉，你失去了许多；你失去了勇气，你就把一切都失掉了！"

勇气是一种敢于面对现实、不怕困难、勇于进取、积极争取胜利的优秀品质。要不甘平凡，勇敢地挑战自我，挑战潜能，下定决心，铁了心去做。一生中你可能会面对不同的局面，但必须时刻记住：要为梦想去奋斗。你有信心获得成功，你就能成功，因为，你体内有一股巨大的潜能。你勇敢，困难便退却；你懦弱，困难就变本加厉地欺负你。

凯伊拉曾经是哈佛大学的一名学生，可是由于经济窘迫和身体虚弱的原因，他最终选择了休学。凯伊拉感到痛苦万分，人生对于他来说仿佛已经索然无味了。

在一个晴朗的日子，凯伊拉找到了牧师。牧师已疾病缠身，脑溢血彻底摧残了他的健康，并遗留下右侧偏瘫和失语等症，医生们断言他再也不能恢复语言了。然而仅在病后几周，他就努力学会了重新讲话和行走。

凯伊拉向牧师诉说自己的遭遇，牧师很耐心地听着，等凯伊拉倾诉完了，牧师才说："是的，不幸的经历使你心灵充满创伤，你现在生活的主要内容就是叹息，并想从叹息中寻找安慰。"牧师闪烁的目光始终注视着凯伊拉，"有些人不善于抛

开痛苦，他们让痛苦缠绕一生直至幻灭。但有些人能利用悲哀的情感获得生命悲壮的感受，并从而对生活恢复信心。”

“让我给你看样东西，”牧师向窗外指去。那边矗立着一排高大的枫树，在枫树间悬吊着一些陈旧的粗绳索。他说，“60年前，这儿的庄园主种下这些树护卫牧场，他在树间牵拉了许多粗绳索。对于幼树嫩弱的生命，这太残酷了。有些树面对残忍现实，能与命运抗争，而另有一些树消极地诅咒命运，结果就完全不同了。”

牧师又指着那棵被绳索损伤已枯萎的老树说：“为什么那棵树毁掉了，而这一棵树已成绳索的主宰而不是牺牲品呢？”

眼前这棵粗壮的枫树看不出有什么疤痕，所看到的是绳索穿过树干——几乎像钻了一个洞似的，真是一个奇迹。

“关于这些树，我想过许多，”牧师说，“只有体内强大的生命力才可能战胜像绳索带来的那样的终生创伤，而不是自己毁掉宝贵的生命。”沉思了一会儿后，他说：“对于人，有很多解忧的方法。在痛苦的时候，找个朋友倾诉，找些活干。对待不幸，要有清醒而客观的全面认识，尽量抛掉那些怨恨情绪负担。有一点是最重要的，也是最困难的：你应尽一切努力愉悦自己，真正地爱自己，并抓住机会磨炼自己。”

哈佛学子爱默生认为，勇于正视现实是有胆量的表现。只要勇气还在，成功就有希望。其实，不倒翁并非不倒，只是它在倒了之后能重新站立。人生，不论遭遇哪一种境地，只要你还有勇气向成功挑战，就不算失败。因为所有失败，都可以作为你创造财富的宝贵经验，成为你成功的阶梯。

人们在不断与生活进行着抗争时，只有自己能拯救自己。只要有一丝的抗争勇气，就有一丝的成功希望。面对充满压力和困难的生活，没有勇气是不行的。当暴风雨来临，勇敢的水手总是满怀着生存的希望，不断激励自己，不管风浪多么可怕，他们总是能够坚持下去，最终平安回来；而那些胆小的水手，早在暴风雨来临之前，就失去了生存的勇气，最终以失败告终。我们需要勇气，生活需要勇气，勇气是光明的使者，它能将人从黑暗的泥沼中拉出，帮助我们战胜困难，赢得最后的胜利。

◎哈佛考考你

有两位盲人，他们都各自买了两双黑袜和两双白袜，八只袜子的布质、大小完全相同，而每双袜子都有一张商标纸连着。两位盲人不小心将八只袜子混在一起。他们每人怎样才能取回黑袜和白袜各两双呢？

◎答案

将所有的袜子的商标纸都拆开，每拆开一双，就一人拿一只。

成功者只想自己要的，而非不要的

哈佛法学院教授德里克·博克是一位非常受尊重的人，他的一举一动都是哈佛学子学习的榜样。他说："我早已致力于我决心保持的东西。我将沿着自己的路走下去，什么也无法阻止我对它的追求。"博克教授在课堂上给学生讲了这样一个故事。

罗琳是一个家境贫寒的小女孩，但她学习十分努力，成绩也一直很优秀。有一次，老师要求大家写出自己的梦想，罗琳和所有的孩子一样，也有一个"宏伟"的梦想，那就是想拥有一幢别墅和一座花园。

她把自己的梦想如实写在作文本上交给了老师。可是老师却给她打了一个最低的C，评语是："想点实际的吧。"怎么能打C呢？罗琳的梦想让家人感到骄傲，让自己有了刻苦学习的动力，应该打A啊！罗琳看到大大的C和后面让人伤心的评语时，没有悲伤，也没有哭泣，而是去找老师问个明白！

在学校里转了几圈，罗琳终于找到了那位老师。她用含泪的双眼直勾勾地望着老师："请问您为什么给我打这么低的等级，您应该尊重我的梦想啊！"没想到，老师却给出了伤人自尊心的回答："你的家境贫寒，长大后还要白手起家盖别墅，简直太荒谬了！重新写吧，你别写这个梦想了。"

面对老师的回答，罗琳不再说什么了，而是径自离开。她很伤心，没想到老师非但没鼓励她，还批评她的梦想"太荒谬"。唉，真是一个可怜的孩子。

在第二次重写的时候，罗琳依旧写的是这个梦想，老师也依旧给她打了个C。

好样的！不管别人怎么看待，她始终想着自己想要的，始终坚持自己的梦想，永不动摇！

20年过去了，罗琳靠着对梦想的坚持和不懈努力，终于实现了自己的梦想。她花了一大笔钱，买了一幢别墅，还建造了一座美丽的花园。当她再次遇见那位老师的时候，只说了一句话："每个人都有拥有梦想的权利，只要是我们自己想要的，并且一直坚持下来。再'荒谬'的梦想也一定会实现的！"那位老师听了罗琳的话，羞愧得无地自容。

的确，成功者只想着自己要的，而非不要的；只要我们能够坚持自己的梦想，朝着自己设定的目标前进，那么总有一天将实现自己的梦想！可是，现实生活中又有多少人能做到呢?

哈佛商学院教授对毕业生讲，如果你要做喜欢的事情，那毕业5周年的聚会，你不要去，因为那时你处在最艰难时刻，而你的同学们，大多在大公司里平步青云。同样的，10周年聚会，你也不要去。但是，20周年的同学聚会，你可以去，你会看到，那些坚持梦想的人和随波逐流的人，生命将有什么不同。

哈佛大学著名心理学博士莫根说："所有的成功者都是天才的梦想家。"如果你想要成功，除了要有成功的愿望以外，还需要给自己精确定位，明确目标，才能够制定明确的行动方案，选择正确的方法，达到成功的目标。要成功就需要付出努力，但付出了努力不一定能够成功。

诺贝尔奖得主莱纳斯·波林说："一个好的研究者应该知道发挥哪些构想，而哪些构想应该丢弃，否则，会浪费很多时间在差劲的构想上。"坚持是一种良好的品性，可是问题在于，如果这个目标是错误的，而他仍要奋力向前，而且又自以为自己意志坚定、态度坚决，那么，由此导致的恶劣后果，恐怕比没有目标更为可怕。因为，在错误的道路上，过分坚持会导致更大的浪费。

成功者只想着自己要的，而非不要的。他们成功的秘诀就是随时检视自己的选择是否有偏差，合理地调整目标，放弃无谓的坚持，轻松地走向成功。

◎哈佛考考你

甲、乙、丙三家约定9天之内各打扫3天楼梯。由于丙家有事，没能打扫，楼梯就由甲、乙两家打扫，这样甲家打扫了5天，乙家打扫了4天。丙回来以后就以9斤橘子表示感谢。请问：丙该怎样按照甲、乙两家的劳动成果分配这9斤橘子呢？

◎答案

在帮丙必须打扫的3天中，甲多打扫2天，即2/3；乙多打扫了1天，即1/3。因此，甲家应得6斤橘子，乙家得3斤橘子。

第四章

Yes，you can!——除了你自己，没人能否定你

自信是成功的第一秘诀

哈佛的教授告诉学生们：每个人自身都有一座金库，而自信是打开金库大门的钥匙！自信者喜欢尝试，喜欢不断地尝试。缺乏自信的人通常只会试一次，一旦失败，就轻言放弃，裹足不前。但杰出人士为了实现梦想，他们往往要试许多次，走许多条路，并坚定地依目标前行，不达目的誓不罢休。

哈佛的学子始终坚持这样的原则：一个人要做好任何工作的前提是要有自信心，坚定的自信是一束阳光，它会照亮人的奋斗之路。许多伟大人物最明显的成功标志，就是他们具有坚定的自信心。对于青少年而言，在内心树立起自信，用自信激发出自己内在的勇气和雄心，是他们迈向成功人生的第一步。

罗纳德从哈佛毕业以后，便自己创办了一家公司。经过几年的打拼，他的公司迅速壮大，年营业额超过100万美元。可是罗纳德不满足于已有成就，他决定让自己的公司上市，以便筹集资金干大事。

当时申请成立股份公司比较容易，难的是在华尔街找一家有实力的股票承销商，这些股票承销商往往对实力一般的小公司不屑一顾。当罗纳德办妥成立股份公司的一切法律手续后，才发现找不到一家证券商愿意承销他的股票，罗纳德顿时陷入进退两难的境地。一般人到了这种地步，大概早就放弃了，但罗纳德却没有将事情干到半路就收场的习惯。他想：难道我非得依赖那些讨厌的证券商吗？他们不肯帮我发行股票，我就自己推销。他说干就干，邀集朋友们，到处散发印有招股说明书的传单。

在华尔街的历史上，不要承销商而自行发行股票，是破天荒的第一次，行家们都断言罗纳德必然以失败收场。罗纳德决心跟华尔街的传统观念赌一把，并且有信心成为赢家。他和他那些热心肠的朋友们，从一个城市到另一个城市，起劲地推销股票。结果呢，他真的做了赢家。他的离经叛道之举在社会上引起了很大的轰动，人们抱着或敬佩，或赞赏，或好奇，或尝试的心理，纷纷购买他的股票，短时间内他便卖出40万股，筹得了100万美元。

获得资金后，罗纳德如虎添翼。他以小鱼吃大鱼的方式，在股市中进行了一系列漂亮的投资运作，奇迹般地兼并了多家大公司。几年后，他掌控的资金超过10亿美元，创造了一个现代股市神话。

世界上所有伟大的事业，都不是轻而易举就能成功的，要想成就一番事业，必须学会从常规之外寻找新路。普通人之所以不能成功，并非因为他们缺少机遇和能力，而是因为他们缺少信心。他们不敢相信凭自己的能力可以创造出别人做不到的奇迹。所以，他们不敢去尝试打破常规，遇到难关就容易放弃。

其实，只要你相信可以达到目标，你的信心与态度就能使你产生无穷的力量，而最终能到达你想要去的地方。相信自己，做自己的主人。信心是一个人得以征服他相信可以征服的东西。有位作家说过：“我从未看到哪个充满自信，肯定自我能力，并朝着自己的目标全力以赴、勇往直前的人竟然无法取得成功。”

所以，毕业于哈佛大学的著名作家爱默生说：“自信是成功的第一秘诀，自信是英雄主义的本质。”

◎哈佛考考你

从衣服款式看你的自信心：又到了该换季的时候了，该把衣橱整理整理喽。整理了半天，你发现你衣橱中什么式样的衣服最多呢？

A.最新流行服饰

B.颜色鲜艳或是样式夸张华丽的服饰

C.宽大的衬衫或T恤

D.单色款式简单的服饰

◎**答案分析**

选择A：你是那种外表自信，可是内在却很心虚的那种人。你非常害怕别人会看出你内在信心的不足，所以在不知不觉中，会随着社会所认同的价值而随波逐流，但是往往又不能完全理解其中的道理。看来你要再用功点，多做点人际功课吧！

选择B：虽然你看起来有旺盛的表现欲望，可是事实却不然，这样的包装，只是你用来掩饰你内心不安的武器。其实你是有点神经质的人，一有点事就可能有过当的反应出现，所以在外表上，你必须装得毫不在乎，这样才能让你有安全感。

选择C：表面上看起来，你好像是一个很好说话的人，其实最最固执的人就是你了。一旦发起牛脾气来，任谁也拗不过你。害羞、冷漠是你用来掩饰害怕和人群接触的自然反应。

选择D：你是一个有自信的人，虽然你不会在态度上咄咄逼人，可是只要你坚持一个想法，无论别人如何去唆使、引诱，你都不为所动。不过这不代表你是刚愎自用的，相反的，你很喜欢听到别人对你的建议。

不甘平庸，必须像王者一样自信

一位著名的哈佛教授曾经说过："一个优秀的人才，他的自信力，恒久不衰。假使我们原先是一块金子，到最后也会因为缺乏永恒的自信，而甘心变为一粒沙子。我们原本是优秀的。只不过，是我们缺乏自信心，一步一步把我们从优秀的高位上拉下来，一直拉到了平庸的位置上。"自甘平庸，是人生的一场灾难，也是人生的悲剧。只是，更多的时候，是我们自己，导演了这场灾难和悲剧。

在现实生活中，很多青少年只会安于现状，甘于平庸，整天浑浑噩噩地度日，总觉得那些大事业、大成功离自己太遥远，茫茫人生自己无非就是一个小人物罢了。没有远大的目标，更不知道为什么而活着。在上小学的时候，自己是班里的佼佼者，觉得第一名非自己莫属；升到初中后，人多了，觉得自己能考个前十名就不错了，于是一旦考到前十名，便沾沾自喜；高中以后，定的目标更低，即便考试稍有出入，也会安慰自己：高手这么多，已经很不错了。就这样，我们就会一步步从优秀走向平庸了。

约翰·肯尼迪毕业于哈佛大学，作为美国第35任总统，他不仅年轻英俊，而且极富个人魅力，言谈举止风趣有活力，即使在局势动乱的年头也给美国民众带来了极大的希望和勇气。人们称他是美国历史上最有魅力的总统。肯尼迪曾对家族中另一位成员说过这么一句幽默的话："在我看来，我除了当总统，别的什么也干不了！"这正是肯尼迪王者一样自信的体现。

作为青少年，自然应当勇于追求自己的梦想，活得轰轰烈烈的；更应该像肯尼迪一样，拥有王者的自信心，并且不甘于平庸。

这是一个发生在军营里的故事，年轻的布伦特和战友们一起训练、一起生活、一起挨批评、一起受表扬，但他的内心似乎有着更为强烈的想法：他不甘平庸，要当精兵。

这样的想法很多人在刚入伍时都曾有过，不过随着时间的推移，一直在坚持的人渐渐少了。在日复一日的训练和生活中，许多人都失去了当初的激情与兴致，变得保守而平庸。但对布伦特而言，他的征途永远没有终点。布伦特常说："在军营这个火热的环境里，我能学到很多东西。适应环境的最好方法就是积极地改变自己。我想改变，也努力地去做了，所以我实现了目标。"

在平淡的日子里，布伦特不停地努力着，从不间断地坚持着，也一天天发生着细微的变化。不到半年时间，他的训练成绩从最初的中等水平逐渐上升到了连队的上游。由于表现突出，他被推荐到教导队参加预提指挥士官集训。在他人看来如同魔鬼训练营一般的教导队，布伦特找到了属于自己的空间。他越发感受到了自身的价值，心中的自信心也变得越来越强烈。障碍、战术、射击……他的训练成绩无一例外的都是第一。

布伦特心里十分清楚自己要做什么，他很自信地对战友们说："我的目标就是当一名优秀的士兵，做一名兵王。"

林肯总统说过："喷泉的高度不会超过它的源头，一个人的事业也是一样，他的成就不会超过自己的信念。"如果你想取得骄人的成就，就不能甘于平庸，而要在内心树立起王者一样的自信，抛弃那些无所作为、甘居下游的想法，充满信心地去施展自己的才华。

◎哈佛考考你

有7个年轻人，他们是好朋友，每周都要到同一个餐厅吃饭，但是他们去餐厅的次数不同。大力士每天必去，沙沙每隔一天去一次，米米每隔两天去一次，玛瑞每隔三天去一次，好好每隔四天才去一次，科特每隔五天才去一次，次数最少的是玛奇，每隔六天才去一次。昨天是2月29日，他们愉快地在餐厅碰面了，他们有说有笑，憧憬着下一次碰面时的情景。请问，下一次他们相聚餐厅会是在什么时候？

◎答案

这7个年轻人要隔许多天才能在餐厅里相聚一次，这个天数加1需能被1—7的所有自然数整除。1—7的最小公倍数是420，也就是说，他们每隔419天才能一齐聚于餐厅。因为上一次聚会是在2月29日，可知这一年是闰年。那么第二年2月份就只有28天一种可能。由此推出，他们下一次相聚是在次年的4月24日。

其实，你欠缺的只是自我挖掘的精神

曾经的哈佛学子爱默生说过：“蕴藏于人身上的潜力是无尽的。他能胜任什么事情，别人无法知晓，若不动手尝试，他对自己的这种能力就一直蒙昧不察。”他为此强调说：“一个人应当更多地发现和观察自己心灵深处那一闪即逝的火花，不只限于仰视诗人、圣者领空里的光芒。”所以无论成绩优异的学生，还是成绩一般的学生，只要你相信自己，相信自己有巨大的潜能，你就成功了一半。

哈佛心理学所提供的客观数据让我们惊诧地发现，绝大部分正常人只运用了自身潜藏能力的10%。可以这么说，每个人都有一座“潜能金矿”等待被挖掘。正如著名的苏联学者兼作家伊凡·业夫里莫夫所说：“一旦科学的发展能够更深入了解脑的构造和功能，人类将会为储存在脑内的巨大能力所震惊。人类平常只发挥了极小部分的大脑功能，如果人类能够发挥一半大脑功能，将轻易地学会40种语言，背诵整本百科全书，拿12个博士学位。”

这种描述并不夸张，而一般人所接受的观点是：一个人的潜能不仅仅表现在大脑上，人的体力也存在着惊人的潜能。

多年以前，英国一个位于野外的军用飞机场上，一位名叫霍克的飞行员正在专心致志地用自来水枪清洗战斗机。突然，他感到有人用手拍了一下他的后背。回头一看，他吓得大叫一声，拍他的哪里是人，是一只硕大的狗熊！它正举着两只前爪站在他的背后。霍克急中生智，迅速把自来水枪转向狗熊。

也许是用力太猛，在这万分紧急的时刻，自来水枪竟从手上滑了下来，而狗熊已朝他扑了过去……他闭上双眼，用尽吃奶的力气纵身一跃，跳上了机翼，然后大声呼救。警戒哨里的哨兵听见了呼救声，急忙端着冲锋枪跑了出来。两分钟后，狗熊被击毙了。

事后，许多人都大惑不解：机翼离地面最起码有2.5米的高度，霍克在没有助跑的情况下居然跳了上去，这可能吗？如果真是这样，霍克不必再当飞行员了，而应该当一名跳高运动员，去创造世界纪录。然而，事实确实如此。

不过后来霍克做了无数次试验，再也没能跳上机翼。人们越来越怀疑此事的真实性。

一位研究人体潜能的专家说："此事完全有可能发生。人在遇到危急情况时，体内会分泌一种奇异的激素，此激素能激发出人体所潜藏的超常能力。情况越危急，潜能越易发挥，而在平常情况下，此种潜能皆处于沉寂状态。"

可以这么说，每个人的潜能就像海洋一样无边无际，它需要你不断去挖掘。只要相信自己，你就可以通过潜能来获得所需要的一切东西，一旦唤醒了我们身上潜在的巨大力量，我们的生活就会出现奇迹。

哈佛学子明白：每个人都拥有一座潜能的宝藏，都拥有自己的价值，在内心深处潜藏着巨大的潜在力量，它一直在等待我们去挖掘。这种价值一旦被挖掘了，将给我们带来无穷的信心和能量。许多人不明白自己的价值所在，也不知道自己到底具有多大的潜能，所以，谁也不知道自己到底会有多么强大。相信自己，多给自己一些肯定，这样，你才会成功地挖掘出自己的潜在价值，从而使自己变得更加优秀。

◎哈佛考考你

测测你的潜力和缺点：假设你正准备离开目前的工作环境，另寻一个理想的新工作，当你打开报纸求职栏上刊登的广告时，哪一种工作会比较吸引现在的你，让你跃跃欲试？

A.电视、电台播报记者

B.服饰采购的单帮客

C.服装、室内设计师

D.文字编辑

E.服饰店销售人员

◎答案分析

选择A：你是个十分活泼好动的人，喜欢让人对你行注目礼，无论发生大至国家大事，小至鸡毛蒜皮小事，只要你觉得有趣，都会以你“独特”的方式宣扬出去。在别人眼中你是个保不住秘密的人，也就是人称的“大嘴巴”，因此你要知道的是，不是每件事都能开诚布公地让大家都知道，不然你会落个不好的名声哦。

选择B：你是个“花蝴蝶”，身旁不乏异性追求，也很得意目前的状况。你很崇尚名牌，对于现在流行什么，你都了如指掌。办事速度快的你，可以说是一个很适合悠游于世界各地的购物高手中的高手。

选择C：你是个很重视表面工夫的人，对于事物你总是有着独树一帜的看法，这样子的你常是朋友话题中的热门人物。常常因为感受到什么，而冲动地去改变你的房间、装扮，甚至于你的家人的穿着打扮你都要管。爱面子一族的你，因为如此常让人觉得你很势利，这样子是不好的。

选择D：其实你很适合担任情报人员，你对世界上的任何事物都拥有着强烈的好奇心，喜欢将你所听到、收集到的各项资料汇总后提供给他人。目前安定的你，很喜欢别人对你的称赞，让人感受你不同时段的蜕变。

选择E：你很像邻家女孩，个性十分乐观又惹人喜爱，人际关系良好的你，无论面对的是正面、负面的评价及压力，你总是能迎刃而解。但是在忙着应付复杂的人际关系的同时，别忘了该完成的事，还是要完成哦。

除了你自己，没人能否定你

哈佛大学拉德克利夫女子学院的海伦·凯勒说：“对于凌驾于命运之上的人来说，信心是命运的主宰。”自信是一种心境，有信心的人不会消极沮丧。每次碰到问题，都会把问题当成人生中的挑战，给自己一次修炼能力的机会，给自己一次提升的转机。当你确定要去完成某件事情的时候，没有人能够否定你，最重要的是你不能自我否定。

如果一个人过多地否定自己，就会产生自我贬低的情绪，这就是所谓的自卑。长期被自卑情绪笼罩的人，一方面感到自己处处不如别人，另一方面又害怕别人瞧不起自己，逐渐形成了敏感多疑、胆小孤僻等不良的个性特征。自卑使他们不敢主动与人交往，不敢在公共场合发言，消极应付工作和学习，不思进取。

人们常说，“有长必有短，有明必有暗”，每一种事物、每一个人都有其优势，都有其存在的价值。一个人如果陷入了自卑的泥潭，他能找到一万个理由说自己为何不如别人。比如：个矮、长得黑、眼睛小、不苗条、嘴大、有口音、汗毛太多、父母没地位、学历太低、职务不高、受过处分、有病，等等。由于自卑而焦虑，于是注意力分散了，从而导致了失败，这就是自卑者自己制造的恶性循环。其实，人人都有自卑的一面。而在通往成功的路上，只有战胜自卑，才能成为一个自信的成功者。

有位女孩儿有一副美丽动听的歌喉，但却长着一口龅牙，她在人前唱歌的时候总会因为龅牙而自卑。有一次，她参加歌唱比赛。上台后，她只顾掩饰难看的龅牙，不仅没有将歌唱好，反而让观众和评委感到好笑，结果可想而知，她失败了。但是有位评委认为她的音乐潜质极佳，便到后台找她，很认真地告诉她："你肯定能成功，但前提是你必须忘掉你的龅牙。"

在"伯乐"的鼓励和帮助下，女孩儿慢慢走出了龅牙的阴影。后来，她在一次全国性大赛中，以极富个性化的表演和歌唱倾倒了观众和评委，脱颖而出。

她就是卡丝·黛莉，美国一位著名的歌唱家。她的龅牙同她的名字一样有名，歌迷们还说她的牙很漂亮呢！

哈佛大学的教授总是教导学生，要学会展示自己的自信，知道如何用自信打扮自己的人才懂得如何经营自己的人生。人生最大的失败是被自己打败，如果你自己不承认失败、不否定自己，那就永远没有失败。

在竞争相对激烈的现代社会里，对自己的怀疑、对未来的胆怯是社会上很常见的现象。有很多青年由于怀疑自己能力不行，而放弃去找一个好的工作。其实，这就是一种不自信，一种退缩。无论竞争多么激烈、形势多么严峻，永远也不要否定自己，不要怀疑自己。一个人的潜能是巨大的，这种潜能在遇到坎坷时，可能会被发挥到极致，只要自己有足够的信心，胜利就会属于自己。

人生就如一条蜿蜒曲折的道路，只有充满自信的人才能到达目的地；怀疑自己、否定自己的人只能为自己酿造失败的苦酒。因为成功永远不可能属于胆小的人，只有披荆斩棘、乘风破浪的人才能到达成功的彼岸。人生中，有不计其数的机遇在等着你，有信心的人能抓住机遇，获得成功。相反，怀疑自我、否定自己的人就只能眼睁睁地看着失去的机遇。在失败时，妄自菲薄只能使自己更加消沉，我们要学会分析原因，找出问题所在。前面的路虽然还很漫长，但只要我们对自己充满信心，就一定会写下绚烂的人生篇章。

否定自己的人，总是感到沮丧、颓废，从而走向自卑，这种心态，会使你永远远离成功。所以，请你记住，永远也不要否定你自己，因为，你才是自己命运的主宰，你有你自己特有的优势！

◎哈佛考考你

假设桌面上排列着100个乒乓球，有两个人轮流拿球装入口袋，每次至少拿1个，但最多不能超过5个，拿到第100个乒乓球的人为胜利者。如果你是最先拿球的人，你该拿几个？以后怎么拿能保证你能得到第100个乒乓球？

◎答案

先拿4个，还剩96个。96是6的16倍，由于最多可以拿5个，最少必须拿一个，所以无论第二个人以后拿几个，你接着拿的必须跟他的加起来等于6。这样每次你拿完后，剩下的数目都是6的倍数。等到最后6个时，无论第二个人拿几个都是你赢。

自我暗示，你可以做得更好

哈佛大学有着优良的学术传统，这个校园中先后走出过罗斯福、肯尼迪、小布什、奥巴马等8任美国总统，44名诺贝尔奖获得者和32名普利策奖获得者。但相比学术上的人才济济，没有体育血统的哈佛大学在篮球上格外“落魄”。为了改变这一状况，哈佛大学的篮球队教练做了一个试验，他把水平相当的队员分为三组，告诉第一组停止练习自由投篮一个月；第二组在一个月中的每天下午在体育馆练习一小时；第三组在一个月中每天在自己的想象中练习投篮一个小时。

结果，第一组由于一个月没有练习，投篮平均水平由39%降到37%；第二组由于在体育馆坚持练习，平均水平由39%上升到41%；第三组在想象中练习的队员由39%上升到42.5%。这真是很奇怪！在想象中练习投篮怎么能比在体育馆里练习提高得更快呢？原来，当队员们在想象中投篮时，他们投出的球都是中的！这便是自我暗示的结果。

自我暗示的作用是强大的，有时它会使人绝处逢生，有时又会使人功败垂成。因为人是十分情绪化的动物，常常受情绪的影响，而善于控制自己的情绪，不让消极的力量占主导地位，这关系到一个人的人生走向。所以，当你想要打退堂鼓的时候，不妨挺起腰板，对自己说：“我可以做得更好！”

斯派克是哈佛大学心理学专业的学生，他利用假期给自己找了一份兼职，去照顾独居的卡罗琳太太，并帮她做一些家务。斯派克为人热忱，做事认真负责，深得老太太的信赖。

有一天晚上，老太太敲响了斯派克的门：“斯派克，很抱歉这么晚来打扰你。我的安眠药吃完了，怎么也睡不着觉，不知道你身边有没有？”

斯派克睡眠很好，从来就不吃安眠药，突然他灵机一动，就对老太太说：“上星期我朋友从法国回来，刚好送我一盒新出的特效安眠药，我这就找出来。您先回去，我一会儿给您送过去。”

老太太走后，斯派克找出一粒维生素片，然后送到了卡罗琳太太的房间，告诉她：“这就是那种新出的特效药，您吃了之后一定能睡个好觉。”

老太太高兴地服下了那粒“特效安眠药”。

第二天吃早餐的时候，她对斯派克说：“你的安眠药效果好极了，我昨晚吃完很快就睡着了，而且睡得很好，好久都没有这么舒服地睡觉了。那种安眠药你能不能再给我一些？”

斯派克只好继续让老太太服用维生素片，直到服完一整盒。事情过去一年多之后，老太太还时常念叨斯派克给她的“特效安眠药”。

斯派克用一粒维生素片就让老太太进入了梦乡，这其实就是心理暗示的作用，由于老太太平时对斯派克十分信赖，因此丝毫没有怀疑斯派克给她的“特效安眠药”，在强烈的心理暗示的影响下，她在没有服用安眠药的情况下也会产生效果。

莎士比亚说过：“一个人往往因为遇事退缩的缘故而失去了成功的机会！”退缩的原因就在于存在着不良的自我暗示。因此我们应该有意识地训练自己进行积极的自我暗示的能力，注意控制并消除一些消极的自我暗示。尤其当遭遇困难和打击时，我们应该对自己说：我很坚强，我不会倒下，我能行，我能做好，我要快乐地生活。总之，我们应该学会积极的心理暗示，这样的自我暗示力量必将为自己增添战胜困难的勇气和信心。

哈佛的心理学家曾经说过：“我们的神经系统是很‘愚蠢’的，你用肉眼看到一件喜悦的事，它会做出喜悦的反应；看到忧愁的事，它会做出忧愁的反应。”所以，青少年朋友在做任何事之前，都要确信自己一定能成功，并有意识地找些事情来做，失败了就向下一次成功努力；成功了就对自己说：“看，我多棒，再接再厉，下次我一定会做得更好。”

◎哈佛考考你

假如你有两个罐子，每个罐子各有若干红色弹球和蓝色弹球，两个罐子共有50个红色弹球，50个蓝色弹球，随机选出一个罐子并从中选取出一个弹球，要使取出的是红球的概率最大，一开始两个罐子应分别放几个红球，几个蓝球？在你的计划中，准确得到红球的概率是多少？

◎答案

一个罐子放1个红球，一个罐子放49个红球和50个蓝球，这样得到红球的概率接近3/4。

哈佛MBA的最后一堂课——把自己“卖”出去

这里是全球顶尖商学院——哈佛MBA毕业生的最后一堂课。课堂上，哈佛商学院的两位助理教授史汀博格与诺顿向即将毕业的学生出了最后一道习题：如何才能把自己“卖”出去？在做这道习题之前，两位助理教授先要学生重新阅读以前学过的营销理论与知识，加以融会贯通，然后把“自己”作为商品给“卖”出去。这的确是一堂很有趣的课，学生们都觉得很新奇。可是，史汀博格与诺顿仅仅是为学生上了一堂很有趣的课吗？

其实两位助理教授的真正意图，是让学生看清自己的优势，并且善于利用这些优势，将它们转化为成功的助力；同时，也要清楚自己的弱势在哪里，怎样管理这些弱势。一个人，只有真正地了解自己的核心价值，并且善于利用自己的优势，才能在众多“商品”中脱颖而出，将自己“卖”个好价钱。

正如世界知名的心理学家埃迪夫顿所说：“判断一个人是不是成功，最主要的是看他是否最大限度地发挥了自己的优势。通过研究发现人类有400多种优势，这些优势本身的数量并不重要，最重要的是应该知道自己的优势是什么，之后要做的则是将你的生活、工作和事业发展都建立在你的优势上，这样你就会成功。”

人们常说“尺有所短，寸有所长”，每个人最大的成长空间莫过于其最强的优势领域，多花点时间把自己的优势发挥到极致，而不是花很多时间去弥补劣势。优点与天赋是我们与生俱来的强项，青少年想要走上成功的捷径，最好的办法就是要找到自己的优势，拿出一样自己最出色的，将它发挥出来。如果一个人的优势得到突飞猛进的发展，那么他将是无往不胜的。然而在现实生活中，很多青少年往往感到很迷惘，他们思考了很多，却找不到自己的特长，其实不是因为自己没有，而是因为没有被挖掘出来而已，让我们来看看埃迪的故事吧。

年轻的埃迪刚从大学毕业，他本来拥有一份收入很不错的工作，也拥有一个幸福美满的家庭。可是在一次车祸中，埃迪不幸弄断了一条腿，结果被公司的老板炒了“鱿鱼”，只好在家里闲着。埃迪感到非常沮丧，对生活失去了信心，认为自己本来拥有美好的前程，如今却成了一个废人，一生都可能拖累别人，于是他向妻子提出了离婚。

妻子不同意，并鼓励埃迪说：“你的腿没了，但你还有手，可以靠双手来养活自己，你应该找一个适合自己干的工作。”

有一天，埃迪的儿子拿来一辆弄坏的电动遥控车让他修理，埃迪曾经做过电工，这点小事难不倒他，他很快就把遥控车修好了。儿子十分高兴，说：“爸爸，你真行！以后我的玩具坏了都让你修理。”

儿子的话提醒了埃迪，他想，现在的玩具越来越高级，大都是电动玩具或声、光、电的遥控玩具，价钱很贵，但这些高级玩具都经不住摔打，小孩玩不了几天就出故障。现在没有修理玩具的店，自己何不试一试呢？于是，他便买来一些玩具，天天对着这些玩具来研究它们经常出现的毛病，然后再寻找办法来修理。他还经常看一些关于玩具的书。不久，他就能修理一些高级的玩具了。

于是，他开了一家玩具修理店，还起了一个新奇的名字：埃迪玩具急诊所。

埃迪的玩具急诊所生意很好，在开业的第一天，就来了一大批小顾客，埃迪凭着娴熟的手艺，很快就将这些小“病号”修理好了。于是，这批小顾客便成了“小广告”四处宣扬。“埃迪玩具急诊所”的名声不胫而走，满城皆知。顾客一批接着一批，不到一年的工夫，埃迪已使1000多个玩具死而复生，这些“病号”包括小到拳头大的电动猴子，大到电动摩托，还有游戏机、卡拉OK机等。

修理费视玩具的大小贵贱而定，通常每天都可收入500美元左右，埃迪也在修理过程中积累了丰富的经验。这样，埃迪不仅养活了自己，而且还积累了一笔财富。

其实，这个世界上没有完美的人，每个人都会有自己的优势和劣势，有些人面对自己的劣势，总是想办法遮掩，害怕别人的嘲笑，这样做往往适得其反。正确的态度是，坦然面对自己的劣势，不有意掩饰，敢于挑战自我，并根据自己的具体情况确立目标，这样就有可能避开自己的劣势，更好地把劣势转化为优势，从而为自己开拓新的人生。

青少年应该明白，每个人都有自己的优势，只是我们平时不善于发现，或者不能够正视罢了。只有那些善于发现自己优势的，并把优势发挥出来的人，才能成功。

◎哈佛考考你

1元钱1瓶汽水，喝完后两个空瓶换一瓶汽水，问：你有20元钱，最多可以喝到几瓶汽水？

◎答案

40瓶，20+10+5+2+1+1=39，这时还有一个空瓶子，先向店主借一个空瓶，换来一瓶汽水喝完后把空瓶还给店主。

告诉自己：只要去做，没什么不可能

哈佛学子、成功学导师爱默生说：“相信自己能，便会攻无不克。”因为成功者从来不考虑失败，他们的字典里也从来没有放弃、不可能、办不到、没法子、成问题、行不通、没希望、退缩……这些愚蠢的字眼。他们深深地理解水滴石穿的道理，只要去做，没什么是不可能的。

希尔从小就有一个梦想，他立志要成为一名作家，但是由于家里非常贫穷，他只接受了很短的学校教育，很多字词他都要通过查字典来认识。

所有人都在劝希尔放弃当作家的梦想，不要异想天开了。朋友建议他找一份稳定的工作，平淡地过一生才好。然而希尔并没有就此放弃自己的梦想。他用打零工挣来的钱买了一本最好的字典，随后，他做了一件十分奇特的事——他找到字典里“不能”这个词，用剪刀把它剪了下来。

经过多年的努力，希尔最终成了美国商政两界的著名导师，并且成为罗斯福总统的首席顾问，被罗斯福总统誉为“百万富翁的铸造者”。希尔的许多著作都深受读者的喜爱。

日常生活中，“我不能”经常在我们的耳边响起，这是你对自己的宣判。听多了“我不能”，你很可能就会走进自卑的圈子，再也出不来了。沉浸在“我不能”的困境中，很多事情就真的无法去做。因此，作为青少年，永远不要让一些“不可能”完成的事情束缚自己的手脚，有时只要再向前迈进一步，再坚持一下，也许“不可能”就会变成“可能”。而有些人之所以能成功，就是因为他们对“不可能”的事有一股不肯低头的韧劲。

人生在世，要与无数的“不可能”遭遇。若一味胆怯、退缩，你就永远无法战胜“不可能”。自卑的人心理上会产生一种消极的自我暗示，“我不行”、“不可能”是他们常用的口头禅。所以青少年朋友们，应该对“不可能”这个词，采取一个新的看法。树立自信和必胜的信念，告诉自己：只要去做，没什么不可能。这样坚持下去，你离成功也就不远了。

哈佛告诉我们：自信是成功的助燃剂，自信多一分，成功就可以多十分。爱迪生曾经试用1600多种不同的材料做白炽灯泡的灯丝，但是都失败了，有人批评他：“你已经失败了1600多次了。”可是，爱迪生不这么认为，他却充满自信地说：“我的成功就在于发现了1600多种材料不适合做灯丝。”正是怀着这份自信，爱迪生最后获得了成功。那些成功者的经历，其实就是心理学中的“自信心效应”，只要不放弃，那就没有什么不可能。

在生活中，有许多身有残疾或者处于逆境中的人，他们之所以能取得旁人难以想象、难以达到的成就，正是因为他们有一股强大的精神动力——自信心。一个自信心很强的人，他会相信自己的力量，无论什么样的困难与挫折都不能阻挡他前进的步伐，从而赢得成功。相反，一个缺乏自信心的人，他看不到自己的力量，看不到自己的优点与长处，在追逐目标的过程中，他失去了克服困难的信心和勇气，最终，他只能面对失败，而与成功失之交臂。

◎哈佛考考你

假设，共有三类药，分别重1克，2克，3克，放到若干个瓶子中，现在能确定每个瓶子中只有其中一种药，且每瓶中的药片足够多，你能只称一次就知道各个瓶子中都是盛的哪类药吗（注：当然是有代价的，称过的药我们就不用了。）？如果有4类药呢？5类呢？n类呢？（n可数）如果是共有m个瓶子盛着n类药呢（m，n为正整数，药的重量各不相同但各种药的重量已知）？

◎**答案**

第一个瓶子拿出1片，第二个瓶子拿出4片，第三个拿出16片……第m个拿出n+1的m-1次方片。把所有这些药片放在一起称重量。

第五章

长大总会有点小情绪—学会管理好自己

哈佛校长的一次终生错误

一次，哈佛大学政府与企业关系学教授罗杰·波特在课堂上对学生说：“大家都知晓斯坦福大学，现在它以独特的方式成为世界一流学府，几乎与我们哈佛齐名。但是大家知道它是怎么诞生的吗？今天的斯坦福人要感谢我们一位校长的一句嘲讽。”享誉世界的斯坦福大学的诞生，竟然源于哈佛校长的一句嘲讽！这究竟是怎么一回事呢？

多年前，在波士顿火车站，一辆火车缓缓停下，一对老年夫妇颤巍巍地走了下来。老妇人身着已经褪色的方格条纹套装，她的丈夫则是一身破旧的手织行头，老两口是前来哈佛大学求见校长的，因为事先并未预约，他们显得有点局促和底气不足，但既然已经来了，他们还是硬着头皮进了会客室。

秘书小姐将他们从上到下打量了一番，然后问道：“两位提前预约了吗？”

老夫妇摇了摇头，那位老妇人着急地说道：“秘书小姐，我们是有急事才来的，麻烦你帮我们跟校长说一声吧！”

听了她的话，秘书小姐沉默了片刻。虽然她断定这两个人是从乡下来的土包子，校长也不可能和他们有业务关系，但她还是向校长传达了这件事情。如她所料，校长一口回绝了老夫妇的请求，并让她告诉他们自己很忙。

于是，秘书小姐将校长的意思告诉了老夫妇，她说：“很抱歉，因为你们来之前没有与校长约定见面时间，校长现在正在忙。”

那位老妇人的丈夫轻声地说：“那么校长什么时候才有空呢？我们真的是有急事找他。”

秘书小姐很礼貌地说："校长说他今天都会很忙！"

那位老妇人的丈夫还想说些什么，她却抢先一步说："没关系，我们可以在这里等校长忙完。"

在接下来的几个小时内，秘书小姐再没有理睬老两口，她断定这两个乡下人一定会泄气自行离开的。然而她的判断落空了，两位老人静静地坐在那里，一点离去的意思都没有。无奈之下，秘书只好决定再打扰一下校长先生。

"如果您能见他们几分钟，他们马上就会走人了。"秘书小姐对校长说道。

校长听了秘书小姐的话后，勉强同意了她的请求。那对老夫妇如愿走进了校长的办公室，校长却摆出一副骄傲且不太情愿的表情和他们见了面。

校长虚伪地说道："非常抱歉，听秘书小姐说你们等了我一天，不知道两位有什么事情？"

老妇人对校长说道："我们的一个儿子在哈佛读了一年书，他特别喜爱哈佛，他在这里很开心。但是一年前，他在一次意外事故中丧生，我们希望在校园里的某个地方建一栋建筑来怀念他。"

听完这件事后，校长不但没有被感动，反而觉得这对老夫妇的想法非常可笑，于是不耐烦地说："夫人，您真会开玩笑，我们怎么可能为每一位曾经在哈佛上过学而后逝世的学生建雕像呢？假如我真的同意了你们的要求，那么哈佛的校园将不再是校园，而是墓园了。"

"哦，不，不。"老妇人赶紧解释说："我们并不是说要建雕像，我们是想给哈佛建一栋建筑。"

校长看了看眼前这对穿着寒酸的老夫妇，觉得他们简直是痴人说梦。但他还是压住心中的不悦，吸了一口气，说道："你们知不知道在哈佛校园建一栋建筑需要花费多少钱？我们学校的每一栋建筑物都超过了750万美元。"

老妇人沉默了一会，然后转向丈夫，静静地说："建一栋建筑物总共就花这么多钱吗？为什么我们不建一所属于自己的学校呢？"

丈夫点了点头，看着妻子说道："你说得很对，建一所自己的大学要比捐一栋建筑给别人划算得多。"

于是，这对老夫妇离开了校长室。不久之后，他们在加州投资建立了一所大学来纪念逝去的儿子，并将这所大学命名为斯坦福大学。

事实上，这对老夫妇就是中央太平洋铁路公司的创始人，他们的儿子小利兰·斯坦福在前往欧洲旅行时，感染伤寒，不幸病逝。他们本想在哈佛捐建一栋建筑来纪念儿子，但却遭到了哈佛校长的拒绝。

从这一则故事中可以看出，很多人总是喜欢以貌取人，他们骄傲自大，因为一点点的成功就将别人的自尊踩在脚下；他们往往眼高于顶，以致无法理性地看待问题，所以总是错过即将到手的大好机会。

◎哈佛考考你

你容易以貌取人吗？

和朋友一起出游，站在桥上（桥下有河）观赏风光的时候，你的帽子被风吹掉了，这时你会怎么办？

A.伸手试图抓住帽子

B.束手无策

C.喊人帮忙

D.到河的下游等

◎答案分析

选择A：你通常都会以选择高水平的异性为目标，倒不是审美能力出众，实在是因为你有强烈好胜心。能够拥有出众的恋人在身旁，无形中就确认了你的胜利。何况，恋人越是难追，在追求中的感情越是波荡起伏，越会刺激到你的求胜心。

选择B：你比较相信自己的直觉，对美貌与否并不看重，能够和自己来电的一见钟情有感觉才最重要！静默的心灵层面交流，是你最喜欢的感觉。反正外貌是可以修饰的，只要别太离谱，每个人都有值得你欣赏的地方。

选择C：你重视能与自己沟通的人，同性自然可以成为生死之交的好朋友，异性则会成为恋人。对于恋人和朋友的界限，你并不那么清晰，你很热衷于异性的朋友转变为恋人。

选择D：要求完美的你，选择恋人也是很挑剔的。当然，外表并不重要，内在心灵的纯洁才是你欣赏的美丽。不过……如果他的长相实在很抱歉，你还是不会多看一眼的。

篱笆上永远都有拔不掉的铁钉孔

哈佛经济学教授詹纳斯·科尔耐说：“我把人在控制情感上的软弱无力称为奴役。因为一个人为情感所支配，行为便没有自主之权，而受命运的宰割。”一个渴望杰出的青少年，不应让坏情绪控制自己，而是应该自己去控制坏情绪，成为情绪的主宰者。有些人常为一点小事而恼羞成怒，也有些人经常满脸愁容，精神不振，这些坏情绪，直接影响人的生活和工作。

青少年朋友正处于一个特殊的年龄阶段，在成长和发展的过程当中，他们正在或者即将要面对成长中的许多问题；虽然他们在生理上趋于成熟，但心理发展比较缓慢，还比较幼稚，容易产生诸多不良的情绪。

在现实生活中，青少年常会遇到不称心的事，如学习时受到外界某种刺激的干扰，心爱之物被人损坏，骑自行车时被人撞伤或自尊心受损等，往往容易发火。有的青少年与人相处时往往因一言不合就大动肝火或因一事相争就火冒三丈。经常发火，对自己、对他人、对学习和工作等都是不利的。

莉兹是一个脾气暴躁的女孩，特别容易出现情绪波动，经常因为小事和别人吵架，她的人际关系因此愈来愈紧张，结果男友也难以忍受她的坏脾气，和她分手了。

莉兹仿佛走到了崩溃的边缘。她打电话向她的朋友露茜求救。露茜向她保证：“莉兹，我知道现在对你来说是有点糟，可是好好调整一下，一切就会好转。你现在要做的第一件事是让自己安静下来，好好地享受一下宁静的生活。”

听了露茜的话，莉兹决定改变自己，重新开始一种生活。于是，她给自己休了一个长假。当她已经稳定了一段时间之后，露茜又建议道：“在你发脾气之前，不妨想想，究竟是哪一点触动了你？”

“你可以拥有两种思考方式，一种是让每件事情都在脑海里剧烈地翻搅，另一种则是顺其自然，让思想自己去决定。”说着，露茜拿出了两个透明的刻度瓶，然后分别装了一半刻度的清水，随后又拿出了两个塑料袋。莉兹打开来，发现里面分别是白色和蓝色的玻璃球。露茜说：“当你生气的时候，就把一颗蓝色的玻璃球放到左边的刻度瓶里；当你克制住自己的时候，就把一颗白色的玻璃球放到右边的刻度瓶里。最关键的是，现在，你该学会控制自己的情绪，如果你不试着控制自己的情绪，你会继续把你的生活搞得一团糟。”

此后的一段时间内，莉兹一直按照露茜的建议去做。后来，在露茜的一次看望中，两个人把两个瓶中的玻璃球都捞了出来。她们同时发现，那个放蓝色玻璃球的水变成了蓝色。原来，这些蓝色玻璃球是露茜把水性蓝色涂料染到白色玻璃球上做成的，这些玻璃球放到水中后，蓝色染料溶解到水中，水就呈现了蓝色。露茜借机对莉兹说：“你看，原来的清水投入‘坏脾气’后，也被污染了。你的言行举止，是会感染别人的，就像玻璃球一样。当心情不好的时候，要控制自己。否则，坏脾气一旦投射到别人身上的时候，就会对别人造成伤害，再也不能恢复到以前的状态。所以一定要控制好自己的言行。”

莉兹后来发现，当按照露茜的建议去做时，人真的不会那么混沌了，事情也容易理出头绪。在此之前，她的心里早已容不下任何新的想法和三思而后行的念头，且形成了一种忧虑的习性，这些让她恐惧慌乱而情绪化。

当露茜再次到来的时候，两个人又惊喜地发现，那个放白色玻璃球的刻度瓶竟然溢出水来——看来莉兹对自己的克制成效不小。慢慢地，莉兹已学会把自己当成一个思想的旁观者来看清自己的意念。一旦有了不好的想法就及时扼杀掉，想法失控的时候就及时制止。这样持续了一年，她逐渐能够信任自己并且静观其变，生活也步入常轨，并重新得到了一个优秀男士的青睐，她的生活也渐渐走向幸福与美好。

莉兹的故事让我们明白，控制自身情绪尤其重要。控制情绪，并不是简单地抑制，而是重在自我教育、自我疏导、自我评价和自我调节。作为青少年，只有控制好自己的情绪，不做情绪的奴隶，才能在未来取得更大的成功。

◎哈佛考考你

乌龟自从和兔子赛跑输了以后，就发誓再也不和兔子比赛了，它决定和青蛙进行100米赛跑。结果，乌龟以3米之差取胜，也就是说，乌龟到达终点时，青蛙才跑了97米。青蛙有点不服气，要求再比赛一次。这一次乌龟从起点线后退3米开始起跑。假设第二次比赛它们的速度保持不变，你认为谁会赢得第二次比赛？

◎答案

很多人可能会认为第二场比赛的结果是平局，其实那是错误的。因为由第一场比赛可知，乌龟跑100米所需的时间和青蛙跑97米所需的时间是一样的。因此，在第二场比赛中，乌龟和青蛙同时到达第97米时，在剩下的相同的3米距离中，由于乌龟的速度快，所以，还是它先到达终点。

管理好自己的时间

哈佛图书馆的墙上有这样一条关于时间价值的格言："Today I get through with nothing done is just the tomorrow the men who dead yesterday eager for。"（我虚度的今天，正是昨天去世之人所祈求的明天。）

时间，总是在我们眼前不经意地流走，而且永不回头。在时间面前，所有的荣辱得失变得黯然失色。生活中我们无数次看到：腰缠万贯的富翁垂暮之时，宁愿散尽所有财富，欲换得多活几分钟却已不能够。时间，对于每个人而言，是唯一公平的。

在大多数人眼中，埃尔维斯是一个一无是处的学生，从学校毕业以后一直碌碌无为。有一天，他去拜访他母校的德里克教授，并且希望教授能给他的未来指点一条道路。

德里克教授问他："你为什么来找我？"

埃尔维斯满脸愁容地回答道："我至今仍一无所有，恳请您给我指明一个方向，使我能够找到人生的价值。"

德里克教授摇了摇头，说："你和别人一样富有啊，因为每天时间老人也在你的'时间银行'里存下了86400秒。"

埃尔维斯苦涩地一笑，说："那有什么用处呢？它们既不能被当作金子，也不能换成一顿美餐……"

德里克教授肃然打断了他的话，问道："难道你不认为它们珍贵吗？你不妨去问一个刚刚延误乘机的游客，一分钟值多少钱；你再去问一个刚刚死里逃生的幸运儿，一秒钟值多少钱；最后，你去问一个刚刚与金牌失之交臂的田径运动员，一毫秒值多少钱？"听了教授的一番话，埃尔维斯羞愧地低下了头。

德里克教授继续说道："只要你明白了时间的珍贵，去发现一件自己想做的事情，那你脚下的路便会慢慢平坦起来。"

时间对于每一个人来说，都是公平的，不论富人或穷人，男人或女人，聪明的或不聪明的，摆在你面前的时间，每天都是24小时，总统和乞丐的生命都是同一单位。但是时间也有不公平的一面，那就是有人懂得珍惜，有人暴殄天物。对时间的挥霍是一种最大的浪费，人生没有回头路可走，我们无法回过头去找回我们曾经无意之中浪费掉的哪怕是一分钟的光阴。

浪费掉的时间失去了，我们永远无法追回。但是，如果我们学会科学地管理时间、追求效率，在适当的时间内做完应该做的事情，那么我们获得成功的概率就会大大增加。

时间对人们来说就好比一笔财富。如果你不懂得珍惜，将钱用来买对你毫无价值的东西，起初你不会有所察觉，因为你的财产还有很多。但是，等到有一天，当你发现这笔财产已经被耗费得所剩无几时，想要再珍惜它就已经太晚了！财富的消耗还能引起我们的警觉，因为它是一种有形的东西，但是，时间却看不见、摸不着，是一种无影无形的东西，如果你不时时提醒自己，它就消逝了，而且根本不会引起你的警觉。

在哈佛，教授们会时常提醒学生们要管理好自己的时间。在人生的道路上，你停步不前时，有人却在拼命赶路。也许当你站立的时候，他还在你的后面向前追赶，但当你再一回望时，已看不到他的身影了，因为，他已经跑到你的前面，需要你来追赶他了。所以，你不能停步，要不断向前，不断超越。"要学会管理时间"，因为是否善于管理时间将决定一个人未来的成败。

◎哈佛考考你

从前有一位老钟表匠，为一个教堂装一只大钟。他年老眼花，把长短针装配错了，短针走的速度反而是长针的12倍。装配的时候是上午6点，他把长针指在“6”上，短针指在“12”上。老钟表匠装好就回家去了。人们看这钟刚过7点，过了不一会儿就8点了，都很奇怪，立刻去找老钟表匠。等老钟表匠赶到，已经是下午7点多钟。他掏出怀表来一对，钟准确无误，疑心人们有意捉弄他，一生气就回去了。这钟还是8点、9点地跑，人们再去找钟表匠。老钟表匠第二天早晨8点多赶来用表一对，仍旧准确无误。请你想一想，老钟表匠第一次对表的时间是7点几分？第二次对表又是8点几分？

◎答案

第一次是7点38分［（7+x/60）/12=x/60］，第二次是8点44分［（8+x/60）/12=x/60］。

在任何情况下，都要保持冷静

哈佛公共政策学教授伊莱恩·凯玛克曾经说过：“做自己感情的奴隶比做暴君的奴仆更为不幸。”每个人在生活中都会遇到不合自己心意的事，这时候如果不保持冷静，不克制自己的冲动行为，就会为此付出代价。

随着时间的推移，青少年朋友会经历越来越多的事情，有许多事会让你感到兴奋、喜悦，也会有许多事令你感到沮丧，甚至愤怒。这时你需要表达自己的情绪。但是千万要记住表达情绪一定要分清场合。一个人在参加一个朋友的葬礼前，得到一个关于自己的好消息，但是他不能在参加葬礼的时候表现出来，否则就会招来死者亲友的反感，认为他对死者不恭；同样一个人在参加一个朋友婚礼的时候，即使再有悲痛的事情，他也不能在婚礼上号啕大哭。“乐而不淫，哀而不伤”历来被看作是自我情绪控制的至高境界。

20世纪60年代的美国，有一位很有才华，曾经做过大学校长的人出马竞选美国中西部某州的议会会员。此人资历很深，又精明能干，博学多识，看起来很有希望赢得选举的胜利。但是，在选举中期，有一个很小的谣言散布开来：三四年前，在该州首府举行的一次教育大会中，他跟一位年轻的女教师“有那么一点暧昧的行为”。这实在是一个弥天大谎，这位候选人对此感到非常愤怒，并尽力想要为自己辩解。由于按捺不住对这一恶毒谣言的怒火，在以后的每一次集会中他都要站起来极力澄清事实，以证明自己的清白。其实，大部分的选民根本没有听过这件事。但是，这之后人们却愈来愈相信真有那么一回事。

公众们还振振有词地反问："如果他真是无辜的，他为什么要百般为自己辩解呢？"如此火上加油，这位候选人的情绪变得更坏，更加气急败坏，声嘶力竭地在各种场合为自己洗刷，谴责谣言的传播。然而，这更使人们对谣言信以为真。最悲哀的是，连他的妻子也开始转而相信谣言，夫妻之间的亲密关系被破坏殆尽。最后他失败了，并从此一蹶不振。

生活中，人们常常会面对各种刁难和不如意。有的人会因此大动肝火，结果就把事情搞得越来越糟了。有的人却能很好地控制自己的情绪，泰然自若地在生活中立于不败之地。所以哈佛的教授们常常会对学生说："无论在怎样的情况下，都要时刻保持冷静。"

哲学家康德说："生气，是拿别人的错误来惩罚自己。"让怒火肆意地放纵，就等于是燃烧我们自己有限的生命。很多有智慧的人和有成就的人，都曾经反复地告诫人们，千万不要被愤怒左右。何必如此自讨苦吃呢？毕达哥拉斯说："愤怒以愚蠢开始，以后悔告终。"是呀！如果不想成为愚蠢的代名词，我们就要控制好自己的情绪，不要轻易愤怒。生命很短暂，我们要去实现与追求的美好事物实在是太多了，你有时间和精力耗费在生气这件事情上吗？

哈佛心理学教授指出：人一旦处于愤怒的状态，就难以保持冷静清醒的头脑，做错事的概率就大大地增加了。所以，当你在心烦意乱时，不妨让自己安静下来，不去想困住我们的难题，而去想象一下夏日夜晚的星空，多么安详、多么宁静、多么璀璨。因此，我们也应该去追寻那种虚怀若谷的胸怀，去追求那份宁静中的自由，当在这份宁静中拥有了一份超然心情后，一切压力就容易释放出来，我们又可以重新找到前进的方向。

冷静是一种风度，更是一种品格。我们受挫时要保持冷静——在冷静中镇定，在冷静中反省，在冷静中坚强，在冷静中撞击出新的火花；成功时更需要冷静——在冷静中成长，在冷静中清醒，在冷静中寻找新的起点，确立新的目标。

◎哈佛考考你

趣味小测试：看看你是"彩虹族"（"彩虹族"是指能在工作、生活中寻找最佳平衡点，每天生活都如彩虹般健康的一类人）吗？

1.你是否对健康非常重视，并且关注健康知识和话题，关心身边人的健康？

2.你是否非常注重日常饮食的营养搭配？

3.你是否会主动抵制油炸类、烟熏类、膨化类食品，快餐或者碳酸饮料？

4.在日常饮食之外，你有摄入营养素补充剂的习惯吗？

5.在工作或者日常生活中，你是否不抽烟、不饮酒或是否会主动戒烟、限酒？

6.你是否有经常进行跑步、做瑜伽、游泳之类体育锻炼的习惯？

7.在繁忙的工作之余，你是否每天花一定的时间和家人进行沟通？

8.你是否发现一些属于自己的兴趣爱好，并在此过程中充分体验到乐趣？

9.你是否一直拥有充足的睡眠？

10.每天醒来，你是否都觉得精神饱满，对新的一天充满信心？

11.你是否会主动定期进行全面的健康体检？

12.在面对工作生活中的各种压力时，你是否都能心平气和地面对，很少产生焦躁不安的情绪？

◎评分标准

每题答“是”得2分，答“不确定”得1分，答“否”得0分。

◎答案分析

22—24分：恭喜，你属于“彩虹族”。请继续保持！

18—21分：你已经接近“彩虹族”。但是还需增强自身的免疫力以对抗“流感”等流行疾病。

13—17分：你属于健康边缘人。你的身体出了些小情况，需要开始从饮食、生活习惯等注意起来，以免情况变坏。

7—12分：警惕！你已经渐渐远离健康。你的身体已经出现了患慢性疾病的隐忧，一定要开始加倍注意自身健康。

6分以下：你有获得慢性疾病的危险。你的身体状况明显欠佳，有可能成为“过劳死”。

改变可以改变的，接受不能改变的

“对必然的事，要轻快地去承受。”这句话至今仍被哈佛人引用。它并不是教人屈从于命运，它的意思是，对于自己不能改变的事实，不妨以平常心对待。西方有条著名的谚语：不要为打翻的牛奶而哭泣。牛奶被打翻了，愚蠢的人会不断地埋怨自己的粗心，并沉迷于痛惜的悲哀之中；聪明的人会一笑而过，既然牛奶洒了，悲伤也没用，不如努力工作，去挣得下一杯牛奶和面包。

现实中也一样，有很多我们无法改变的东西，比如周围的环境、天气等，那我们就不要去改变它们，而是面对现实、接受现实。重要的是我们可以把握和控制一些改变，比如自己的想法、心态、勤奋程度等一些自我的因素，把自己调整到最好状态，去积极地应对各种挑战。

毕业于哈佛大学的埃德加是一位著名的演讲家，他常常在演讲中提到自己的女儿，他很自豪地说：“我的女儿活泼可爱、热爱运动。她是学校垒球队的主力队员，她的梦想是长大后征战职业赛场。”

有一次，埃德加应邀到国外演讲。忽然，他接到一个美国打来的电话：他心爱的女儿遭遇意外事故，身受重伤！他惊闻噩耗，如五雷轰顶，当即中断演讲，飞回美国。这时，女儿的一双小腿已被切除，生命幸好无恙。埃德加站在这个折断了翅膀的小天使面前，心如刀绞。他一向流利的口才不见了，变得期期艾艾，笨嘴拙舌，他不知该怎样安慰女儿才好。是啊！命运对这位可爱的小姑娘太残酷了！她成为职业球星的梦想大概是破灭了，她还会在日后的生活中遇到许许多多的难题。她将如何调整自己的心情和应付自己的不幸?

小女孩见父亲愁眉苦脸的样子，安慰道：“爸爸，不要难过呀！你不是常说，‘每一个苦难与问题的背后，都有一个更大的祝福’吗？”埃德加看着女儿天真烂漫的样子，不知说什么好。道理是这个道理，痛苦却是实实在在的。他颤声说：“可是，你的脚……”

“没有脚，我还有手呀！我应该为自己感到庆幸，因为命运只夺走了部分我需要的东西，我仍然能追求我喜欢的生活。”

两年后，小女孩升入高中。她凭自己的实力，再度入选校垒球队。装上义肢的她，不能奔跑，只能缓步行走。正常情况下她是无法上垒得分的，即使漂亮的“安打”也不行，除非她击出“全垒打”。因此，她每天苦练臂力。她要培养一种长处来弥补自己无法改进的缺陷。结果她成为该联盟最厉害的全球垒王。

没有人喜欢苦难和困难，但是当苦难和困难不期而至时，只能给乐观的人制造一些障碍，却挡不住他们的脚步。诗人惠特曼说过：“人必须要像树和动物一样，去面对黑暗、暴风雨、饥饿、愚弄、意外和挫折。”没错，环境是残酷的，生活在世界上的每一个生物都必须明白适者生存的道理，因此只有勇于面对并接受已成事实的事情，才能走得更远。

如果你改变不了过去，那你可以改变现在。因为抛弃了不必要的包袱，生活才会更美好。人生如此短暂，有什么理由不去好好地生活呢？有太多的事情要你去做，有很重要的人等着你去珍惜。不要回头，努力向前吧！前面的世界是很精彩的。

如果你改变不了环境，那你可以改变自己。但是，没有人能够永远快乐、幸福地过每一天，也没有人能够很容易就坦然面对自己的坚强和软弱。经历和磨难，让我们成熟；宽容和爱，让我们幸福；理解和信任，让我们心安，我们可以决定自己的态度，面对生活中的一切。等到某天重新回头看待自己的人生时，我们会觉得一切都变得云淡风轻了。

哈佛人坚持认为：接受并适应那些不能改变的事实，就是以积极的心态来“解读”面临的事实；就是将思绪的情感转移到其他可为的方面上去。如果我们为自己的意志力量所无能为力的事情而烦恼，那无异于自寻烦恼，作茧自缚，以致自裁。面对无奈的事实，悲愤痛苦不如坦然接受。的确，在某些时候，我们不得不向人生的暴风雪低头。如果不问境况与之硬拼，只能算是匹夫之勇，不仅容易心情郁闷，而且还可能毁灭自己。但这低头绝不是对人生拼搏的劝降，而是一种等待、顺应、迂回、替代或超越的人生策略，目的在于战胜风雪，更好地生存下去，求得长远的发展。

◎哈佛考考你

U2合唱团要在17分钟内赶到演唱会场，途中必须经过一座桥，四个人从桥的同一端出发，天色很暗，而他们只有一只手电筒。一次最多可以有两人一起过桥，而过桥的时候必须持有手电筒，所以就得有人把手电筒带来带去，来回桥两端。手电筒是不能用丢的方式来传递的。四个人的步行速度各不同，若两人同行则以较慢者的速度为准。Bono需花1分钟过桥，Edge需花2分钟过桥，Adam需花5分钟过桥，Larry需花10分钟过桥。他们要如何在17分钟内过桥呢？

◎答案

先由Bono和Edge过桥，花时2分钟，再由Bono送回手电筒，花时1分钟；然后让Adam和Larry一起过桥，需花时10分钟，此时已过桥的有Edge、Adam和Larry，由速度最快的Edge将手电筒送回，花时2分钟；最后由Edge和Bono一起过桥需用时2分钟。总共用时为17分钟。

第六章

积极乐观——拥有好心态才有好未来

不幸是人生最好的大学

哈佛大学图书馆有一条经典的格言："没有艰辛，便无所获。"人的一生，不可能总走在平坦的阳关大道上，挫折和不幸总会找到你。人生的不幸可能会使人一蹶不振，但也会锤炼人，使人更快地成熟起来。

戏剧大师莎士比亚有一次对一个刚失去双亲的10岁男孩语重心长地说："孩子，你是多么幸运，因为你拥有不幸。"正处在悲伤迷惘中的男孩一时无法理解莎士比亚的话，瞪着两只大眼睛凝望着这位长者。莎士比亚接着说："不幸会给人最好的磨炼。因为你知道失去了依靠，今后一切只能靠自己了，你会更快成熟干练的。"40年后，这个孩子成了当时著名的物理学家、英国剑桥大学校长，他的名字叫杰克·詹姆士。杰克·詹姆士的个人历史证实了"不幸是人生最好的大学"这句名言。

有这样一个人，在他46岁的时候，因意外事故被烧得不成人形，4年后又在一次坠机事故中导致后腰部以下全部瘫痪。你能想象吗？就是这样一个人，后来却变成了百万富翁、受人爱戴的公共演说家、洋洋得意的新郎及成功的企业家。更让人无法想象的是，他一有时间就去泛舟、玩跳伞，并且在政坛拥有一席之地。

这个人就是米契尔。在经历了两次可怕的意外事故后，他的脸因植皮而变成一块"彩色板"，手指没有了，双腿细小，无法行动，只能瘫痪在轮椅上。意外事故把他身上65%以上的皮肤都烧坏了，为此他动了16次手术。手术后，他无法拿起叉子，无法拨电话，也无法一个人上厕所，但以前曾是海军陆战队员的米契尔从不认为自己被打败了。他说：“我完全可以掌握自己的人生之船，我可以选择把目前的状况看成倒退或是另一个起点。”6个月之后，他又能开飞机了。

米契尔为自己在科罗拉多州买了一幢维多利亚式的房子，另外也买了一架飞机及一家酒吧。后来他和两个朋友合资开了一家公司，专门生产以木材为燃料的炉子，这家公司后来变成佛蒙特州第二的私人公司。坠机意外发生4年后，米契尔所开的飞机在起飞时摔回跑道，把他胸部的12块脊椎骨全压得粉碎，腰部以下永远瘫痪。

“我不解的是为何这些事老是发生在我身上，我到底是造了什么孽？要遭到这样的报应？”米契尔仍不屈不挠，日夜努力使自己能达到最高限度的独立，他被选为科罗拉多州孤峰顶镇的镇长。后来竞选国会议员时，他用一句“不只是另一张小白脸”的口号，将自己难看的脸转化成一项有利的资产。

尽管面貌骇人、行动不便，米契尔还是坠入了爱河，且完成了终身大事，也拿到了公共行政硕士学位，并持续着他的飞行活动、环保运动及公共演说。

米契尔说：“我瘫痪之前可以做1万件事，现在我只能做9000件，我可以把注意力放在我无法再做好的1000件事上，或是把目光放在我还能做的9000件事上。告诉大家，我的人生曾遭受过两次重大的挫折，如果我能选择不把挫折拿来当成放弃努力的借口，那么，或许你们可以用一个新的角度来看待一些一直让你们裹足不前的经历。你可以退一步，想开一点，然后你就有机会说：‘或许那也没什么大不了的。’”

莎士比亚说：“与其责难机遇，不如责难自己。”这就是人生的基本课程。我们只要仔细回顾一下生活中坏运变为好运的大量实例就会发现，挫折和不幸仅仅是强者成功的起点罢了。

哈佛大学的一位影视审美学教授曾说，如果大家看过《肖申克的救赎》一定还能记得“强者自救，圣人救人”这样的话，这是改编自史蒂芬·金的电影，而作家用他的人生演绎了“强者自救”的神话。能承受挫折和不幸，面对逆境是重要的生存能力，同时也是心理健康最为重要的标准。

列夫·托尔斯泰3岁丧母，10岁丧父；高尔基幼年丧父，继父对他冷漠歧视，逼得他11岁就走向“人间”独立谋生；鲁迅少年时家道中落，父亲身患沉疴，4年多时间里虽也常出入于当铺和药店里，但父亲还是早早地亡故了。这三位文学大师少年时的不幸，竟成了他们自强奋进的动力。因为不幸，他们处在人生低谷，他们懂得生活中每一缕阳光的宝贵，他们懂得今后只能靠自己的力量去开创自己的生活道路，只有踏踏实实，刻苦勤勉，才能把握好自己的命运。

不幸有大有小，给人的伤害也有轻有重。但不论大小轻重，都要学会从光明的角度看问题，从积极的方向吸取教训，这样才可能将不幸转化为幸运。作为青少年应该明白，人生如行船，有顺风顺水的时候，自然也有逆风大浪的时候。这就要看掌舵的船夫是否高明了。高明的船夫会巧妙地利用逆风，将逆风作为行船的动力。所以说，不幸有时候也是人生最好的大学。

◎哈佛考考你

五个大小相同的一元人民币硬币。要求两两相接触，应该怎么摆?

◎答案

要两人才能做到。先在平面上摆放一枚，再在这枚硬币的正面立着放两枚（这两枚是侧面接触的），这样，这三枚硬币之间形成一个三角形空隙。剩下的两枚在空隙处交叉就行了，注意这两枚同样是平躺着，但需要翘起一定的角度（如下图）。

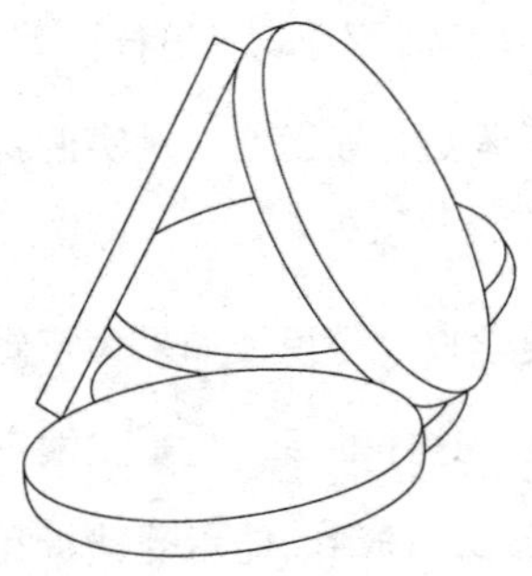

攀比，会让你遗失自我

爱默生曾告诉人们一个朴素而深刻的道理：生活不是攀比，幸福源自珍惜。正如一句格言说的那样："如果你仅仅想获得幸福，那很容易就会实现，但是，如果你希望比别人更幸福，那将永远都难以实现。"

攀比在心理学上被界定为中性略偏阴性的心理特征，即个体发现自身与参照个体发生偏差时产生负面情绪的心理过程。通常产生攀比心理的个体与被选作为参照的个体之间往往具有极大的相似性，导致自身被尊重的需要过分夸大，虚荣动机增强，甚至产生极端的心理障碍和行为。

攀比是一种陷阱，渗透到生活的方方面面，尤其对于渴望成功的青少年朋友。不管我们曾经多么有成就，这种陷阱都会令我们自我怀疑，并重新设立成功的标杆。过去的成功算不了什么，真正的成功需要更多东西——从未有过的头衔，从未完成过的任务，或者从未服务过的公司。攀比的过程要求我们为自己预设更难以实现的目标，而且一旦目标实现，我们就会树立更难的目标，层层加码。所以，不管我们做了什么，都无法满足内心的欲望。于是，我们就掉进了攀比的陷阱，久久不能脱身。

有一个国王生活很郁闷，他希望自己像神仙一样每天不用为衣食发愁，还可以四处云游。面对着案桌上要批阅的文书，国王皱着眉头，自言自语道："日理万机的生活真是好辛苦啊！"于是，他走出宫廷，到御花园里去散心。

让他感到奇怪的是，花园里一派萧条，花和树都枯萎了。

“你昨天不是还好好的吗？今天怎么就枯萎了？”国王对橡树说。

“我没有松树那么高，于是我一直不停地往上拔高自己，结果我的根脱离了土壤……”橡树有气无力地说。

“可是，松树，你又为什么怏怏不乐呢？”国王好奇地问松树。

“我不能结和葡萄一样的果子，所以才怏怏不乐的！”国王听了感到很诧异。

他更加诧异地问葡萄：“连松树都羡慕你，你怎么也气息奄奄了呢？”

“您看，我一直不停地拼命生长，可还是不能开出郁金香那样美丽的鲜花……恐怕我就要抑郁而死了……”

让国王欣慰的是，在他的脚旁边生长着一棵茂盛的小草，他差点就把它踩在了脚底下。

“小家伙，你叫什么名字？”

“我叫安心草。”小草摇头晃脑地回答。

“别的植物都枯萎了，只有你还在茁壮地生长，这是为什么？”

“因为我只安心做一棵草啊！”

只有安心于享受自己的生活乐趣，才能生活得更好，即使自己是默默无闻的。这个故事正是“人比人，气死人”的真实写照，少一点攀比，就能多一份舒坦。

在哈佛，教授常常提醒学生们说：“你不能总望着别人的强项羡慕不已。你也有自己的强项，如果你总是拿自己的弱项跟别人的强项较劲，那只能是到处碰壁。”这世界上根本没有十全十美的东西，人也是如此，可能在此方面优秀，在彼方面不足，这是无可辩驳的事实。可是，生活中太多的人总是喜欢和别人攀比，他们也因此而遗失了自我。

所以，青少年朋友不要总拿自己与别人比较，这样会愈看自己愈自惭形秽。相信天生我材必有用，当你发现你有别人没有的优点和长处时，一定可以成就美好的未来。

◎**哈佛考考你**

有7克、2克砝码各一个，天平一只，如何只用这些物品三次将140克的盐分成50克、90克各一份?

◎**答案**

先用天平把140克分成两等份，每份70克；再用天平把其中一份70克分成两等份，每份35克。取其中一份35克放到天平的一端，把7克的砝码也放到这一端，再把2克的砝码放到天平的另一端。从7克砝码一端移取盐到2克砝码的一端，直到天平平衡。这时，2克砝码一端盐的量为20克。把这20克盐和一开始分出的、未动的那一份70克盐放在一起，就是90克，其他的盐放在一起，就是50克。

写下你的优点，珍视自己的价值

哈佛的教授说过：“把你的优点写下来，好让自己从黎明前的黑暗中看到一丝曙光，因为一个人只能从自己的优势而不是自己的缺点上获得成功。”每一个人都有自己的优点，哪怕是很“小”的优点，关键是怎样认识自己，创造性地发挥自己的优点。

有的人天生一副好嗓子，能唱出优美的歌曲，有的人天生有语言天赋，年纪轻轻便能学会8种语言。客观地讲，这些先天的优势是明显的优势。可是现实生活中，多数青少年都不知道自己擅长什么，也不知道自己有什么优点；相反，他们只知道自己不擅长什么，并且将自己的弱点无限放大。一个人要有所作为，只能靠发挥自己的长处，如果从事自己不太擅长的工作，那么想要取得成就将是很困难的事情。

19世纪时，一个年轻人中学辍学后来到了巴黎，一度混到贫困潦倒的地步。他找到父亲的一位朋友，希望他能够帮自己找一份工作，使自己能在这个大城市中站得住脚。

他们在父亲朋友的家里见了面。寒暄之后，父亲的朋友问他：“你有学历吗？”他说没有。父亲的朋友问：“你有什么技术？”他回答没有。父亲的朋友又问：“你能干装卸工作吗？”年轻人还是不好意思地摇头，说体力不行。父亲的朋友连接发问，年轻人都只能以摇头作答，无声地告诉对方——自己一无所长，连一点儿优点也找不出来。

父亲的朋友似乎显得很有耐心，他对年轻人说：“那你先把自己的地址写下来吧，你是我老朋友的孩子，我总得帮你找一份差事做呀。”

年轻人的脸涨得通红，羞愧地写了下自己的住址，就急忙想转身逃走，离开这个令自己深感耻辱的地方。可是他却被父亲的朋友一把拉住了手臂，父亲的朋友对他说：“年轻人，你的字写得很漂亮嘛，这就是你的优点啊，你不该只满足找一份糊口的工作。”

字写得好也算一个优点？年轻人疑惑地看着父亲的朋友，他很快在老人的眼里看到了肯定的答案。

告辞之后，年轻人走在路上就想：既然父亲的朋友说我的字写得很漂亮，可见我的字真是很漂亮；我的字漂亮，写文章也是我曾经努力的方向，中学时我的作文还被老师赞赏过，那么我肯定也能把文章写得漂亮……受到初步肯定和鼓励的年轻人，开始把自己的优点一一罗列出来，并放大开来。他一边走一边想，兴奋得脚步都轻松起来了。

从此，这个年轻人开始发奋向上，刻苦学习。数年后，他就写出了一部享誉世界的经典作品。知道吗？他就是家喻户晓的法国著名作家大仲马。他的小说《三个火枪手》和《基度山伯爵》流传至今，已被誉为世界文学史上的经典之作。

中国有句老话叫“取人之长，补己之短”，意思是学习别人的长处，弥补自己的不足，这句话说得很正确，我们也应该这样去做。但是，在发现别人长处的同时我们也应该学会发现自己的优点。

在哈佛，老师常常对学生说：“人，最大的弱点是不能认识自己。”每个人来到世间都有自己的优点，只是有些人一直没有发现，那么怎样才能发现自己的优点呢？首先要注意观察自己，每一个动作、每一句话、每一个微小的细节，也许在不经意间你会发现身上巨大的闪光点；其次可以问问父母、老师、同学、朋友，他们能从侧面客观地观察你；最后就是要在教训和失败中总结自己的不足，认识到自己的不足也就间接地促进了优点的发挥。

当我们发现了自己的优点后就要好好地利用它，将其发挥得淋漓尽致，有了自信，才会对学习更有兴趣，对工作充满信心，对生活充满希望。

◎**哈佛考考你**

了解自己的优点可以扬长避短，发挥自己的特长和个人魅力。了解自己的优点可让自己更自信，从而让自己发挥得更好，展现得更好。那么如何来了解自己的优点呢？不妨来做一个小测试。

下面有六种状况设定，请从中选择一种你觉得最无法忍受的。

A.不遵守约定

B.欺善怕恶

C.虚伪做作

D.欺负小动物

E.对老人、小孩不友善

F.混黑道

◎**答案分析**

选择A：“责任感”必胜。你非常注重人与人之间的信赖关系，会努力遵守约定，答应别人的事也一定会做到，就算很麻烦也会尽力解决。这样的你，当然是大家最欣赏的人。

选择B：“耐力”必胜。你是属于“路遥知马力”的类型。年纪越大，你的这项优点就越会获得赞扬。你总是默默地耕耘，把一件明知不可能的任务顺利完成，大家都会对你甘拜下风。

选择C：“诚实”必胜。诚实、正直是你最大的特色，相对于用谎言来包装自己，你更希望以真实的自我来获得周遭的肯定。你那表里如一的坚持，会让大家对你的信任感与日俱增。

选择D：“正义感”必胜。即使要你牺牲自己，你照样会义无反顾地选择仗义执言。因此，你的正义感总是为你带来许多人的友谊，你那铲奸除恶的精神更为你赢得众人的赞赏与信赖。

选择E：“同情心”必胜。你的同情心非常旺盛，看到需要帮助的人和事，就会忍不住想要贡献自己的力量。拜你所赐，许多人都是因你而获得无上的快乐，这个社会也因你而变得更祥和。

选择F：“同理心”必胜。你总是可以设身处地为周围的人着想，你的协调性、自我约束能力都很强。跟你相处，大家总是可以无后顾之忧，你的善解人意更让人时时刻刻都想亲近你。

善待自己的缺点，不要苛求自己完美

哈佛教授告诫青少年朋友，不论自认为有多少缺点和不足，做了多少傻事、坏事或蠢事，从现在起，都停止对自己的挑剔和责备，要学会为自己辩护，维护生命的尊严和价值。如果一个人能够正视并且接纳自己的缺点，那就意味着他不但正确地认识到了自身的局限性，同时也停止对自己的不满和批判。这可以使我们不把时间浪费在自责和沮丧上，而是集中精力去发掘自己的优势，或者增强自身的能力，这样就可以少走弯路。

在这个世界上，完美也是一件可怕的事物，如果你每做一件事都要求完美无缺，便会因心理负担的增加而不快乐，要知道，人生的各种不幸皆由追求完美而导致。当一个人要求别人善待他时，缺点便暴露无遗。完美是一座心中的宝塔，你可以在内心中向往它、塑造它、赞美它，但你切不可把它当作一种现实存在，因为这样只会使你陷入无法自拔的矛盾之中。

许多人会因为自身的某些“缺点”而感到自卑，并且认为这些缺点是自己成功道路上的阻力，这实际上是一种误区。一个人身上有许多资源，缺点便是其中一种。一个人如果勤于观察，善于思索，身上的某些缺点同样也能创造出价值。比如下面这一位长着“大鼻子”的乔治先生。

乔治出生在美国，他长着一个大大的鼻子，小的时候他还为自己与众不同的大鼻子感到自卑过。到了大学时代他发现自己的嗅觉灵敏度远远超过常人，于是长期加以训练。他常常把橡胶品、皮鞋、鸡鸭内脏等一些莫名其妙的东西扔进焚化炉，然后去闻散发出的各种不同的气味。当他看到来请自己辨别气味的客户愈来愈多时，他从中窥出商机。于是，他开办了自己的气味公司，从而使自己的大鼻子名副其实地商品化。

他的大鼻子替客户查明不同的气味，或对症下药，加以消除；或搜集证据，替人消灾；或追踪罪犯，破案缉凶。由于这种事情非他莫属，所以他每年的营业额高达150万美元。

青少年朋友应该明白，智者再优秀也有缺点，愚者再愚蠢也有优点。在生活中，我们应该对人多做正面评估，不用放大镜去看缺点，生活中对己宽、对人严的做法，必遭别人唾弃。同时，要避免以完美主义的眼光去观察每一个人，应以宽容之心包容其缺点。世界上根本没有完美，正是因为有了缺憾，才使我们整个生命有了追求前进的动力。珍惜缺憾，它就是下一个完美。

人生旅途中，难免有些不如意的“裂缝”。它们就是我们生命中微小的“缺点”，只要我们能够善待它们，以宽容之心看自己，以豁达之心微笑面对生活，我们便会与欢乐相伴，与幸福相随。因为微小的缺点也是美的。

◎哈佛考考你

一个人花8块钱买了一只鸡，9块钱卖掉了，然后他觉得不划算，花10块钱又买回来了，再以11块钱卖给另外一个人。请问，他赚了多少钱？

◎答案

2元。

积极进取，奔跑着前方就会有猎物

拿破仑·希尔曾经说过：“成功者之所以成功的根本原因，在于他们从不甘于现状，具有勇往直前的进取心。这样会促使一个人从胜利走向另一个胜利，从辉煌迈向更大的辉煌。”百年哈佛的人生哲学告诉我们，进取心是一种极为难得的美德，它能够驱使一个人在不被吩咐应该去做什么事情之前，就能够主动地去做应该做的事情。如果这个世界愿意对一件事情赠予大奖，包括金钱与荣誉，那就是“进取心”。

1960年，罗马奥运会女子100米决赛，当威尔玛·鲁道夫以11秒18第一个撞线后，掌声雷动，人们都站起来为她喝彩，齐声欢呼着她的名字：“威尔玛·鲁道夫！威尔玛·鲁道夫！”那一届奥运会上，威尔玛·鲁道夫成为当时世界上跑得最快的女人，她共摘取了三枚金牌，也是第一个黑人奥运女子百米冠军。

威尔玛·鲁道夫取得如此傲人的成绩，成了当时人们学习的榜样，她的故事也开始流传开来。原来，威尔玛·鲁道夫从小就是一个“与众不同”的女孩，因为小儿麻痹症，不要说像其他孩子那样欢快地跳跃奔跑，就连平常走路都做不到。寸步难行的她非常悲观和忧郁。

威尔玛·鲁道夫的忧郁和自卑感随着年龄的增长越来越重，她甚至拒绝所有人的靠近。但也有例外，邻居家的残疾老人是她的好伙伴。老人在一场战争中失去了一只胳膊，但他非常乐观，她也喜欢听老人讲故事。

后来有一天，老人用轮椅推着威尔玛·鲁道夫去附近的一所幼儿园，操场上孩子们动听的歌声吸引了他俩。当一首歌唱完，老人说道：“让我们为他们鼓掌吧！”她吃惊地看着老人，问道：“我的胳膊动不了，你只有一只胳膊，怎么鼓掌啊？”老人对她笑了笑，解开衬衣扣子，露出胸膛，用手掌拍起了胸膛……

那是一个初春的早晨，风中还有几分寒意，但威尔玛·鲁道夫却突然感觉自己的身体里涌起一股暖流。老人对她笑了笑，说："只要努力，一个巴掌也可以拍响。你一定能站起来的！"

那天晚上，威尔玛·鲁道夫让父亲写了一张纸条贴在墙上："一个巴掌也能拍响！"从那之后，她开始配合医生做运动，无论多么艰难和痛苦，她都咬牙坚持着。有一点进步了，她又以更大的受苦姿态来求更大的进步。甚至父母不在家时，她自己扔开支架，试着走路……蜕变的痛苦牵扯到筋骨，她坚持着，她相信自己也能够像其他孩子一样行走、奔跑。

威尔玛·鲁道夫的成功是一个靠努力改变命运的典型例子。那么，究竟是什么力量能够不断地激励威尔玛·鲁道夫，朝着自己的目标前进呢？这个力量就是：进取心。

进取心是神秘的宇宙力量在人身上的体现，为了获得和满足这种力量，我们甚至愿意放弃舒适的生活乃至牺牲自我。我们每个人都感到，我们需要这种激励，它是我们人生的支柱。进取心代表了一个人的发展方向以及他所能达到的人生高度。可以这么说，一个人的梦想有多远，他就能够走多远。

哈佛大学的毕业生罗纳德·皮尔经常对别人说："只要坚持下去，总有一天情况会好转的。"小的时候，每当他遭遇挫折和失意，母亲就会这样说："如果你坚持下去，积极进取，总有一天会交上好运。而你还要认识到，如果没有之前的失败和痛苦，就不会有后来的幸福和快乐。"事实的确如此，失败的教训、苦难的环境磨砺了人们的意志，只有具备积极进取、永不言败的心态，成功才会在前面等着你。

◎哈佛考考你

一位在南美洲淘金的老财主不仅淘到了大量的金子，而且淘到了许多钻石。为了向别人炫耀自己的财富，他用自己淘到的钻石镶成一个世界上绝无仅有的无价之宝。第一天，他决定从保险柜里取出1颗钻石；第二天，他取出了6颗钻石，将其镶在了第一天取出的钻石的周围；第三天，又多了一圈，变成了两圈；又过了一天，钻石又多了一圈，变成了三圈。6天过后，一颗钻石变成了一个巨大的钻石群，真的成了一块闪闪发光的无价之宝。请问，这块无价之宝一共有多少颗钻石？

◎答案

一共有127颗钻石。开始时只有1颗，第二天出现了6颗，第三天又出现了12颗，三天后又出现了18颗，计算公式为：1+6+12+18+24+30+36=127。

即刻行动，自己为自己创造机遇

哈佛学子梭罗认为：“生命很快就过去了，一个时机从不会出现两次，必须当机立断，不然就永远别要。”能否抓住机遇是一个人平庸或者卓越的分水岭。决定一个人成败的不是才华，也不是性格，而是他是否有善于抓住机遇的能力。所谓机不可失，时不再来，这是每个青少年都知道的浅显而深刻的道理。抓住了机会，我们就可能乘风而起，登上成功的巅峰；如果错失了机会，我们就可能会与唾手可得的成功擦肩而过，因而懊悔不已。一位成功人士曾不无感慨地说：“在某些意义上，时机就是一种巨大的财富。”

哈佛学子乔治·W·布什说：“要把握时机确实要眼明手快地去‘捕捉’，而不能坐在那里等待。”的确，青少年可以界定自己的人生目标，认真制定各个时期的目标。但是如果你不行动，那么还是会一事无成，再美好的目标也无法实现。苦思冥想，谋划如何有所成就，是不能代替身体力行去实践的。没有行动的人只是在做白日梦，只有即刻行动，才能为自己创造机遇。

20世纪初，美国有一家专门经销煤油及煤油炉的公司。在这个公司刚刚创立的时候，刊登了大量的广告，极力宣扬煤油炉的诸多好处，但是没见到什么效果。公司的产品无人问津，煤油和煤油炉大量积压，公司濒临绝境。有一天，老板突然灵机一动，招来手下职员，让他们登门向当地的住户们免费赠送煤油炉。

当地的住户们得到无偿赠送的煤油炉，真是喜出望外，哪有不接受的道理。没过多久，这家公司的煤油炉就赠送一空。当时的炉具还没有现代化，人们生火做饭只能用木柴和煤。

这时，煤油炉的优越性显现出来了，家庭主妇们一天也离不开它了。很快，她们发现煤油烧完了，这回只能自己到市场上去买。当时煤油价格并不低，但已离不开煤油炉的家庭主妇们也只得掏腰包了。再后来，煤油炉也渐渐用旧了，于是只好买新的，如此循环往复，这家公司的煤油和煤油炉便畅销不衰了。

所以说，青少年要在人生的事业中有所作为，仅靠盲目蛮干是不行的，也不会有太大成效。看准时机并把握它，用行动将它变成现实的财富，才是杰出青少年的明智选择。我们今天正处在一个充满了机遇的时代，每一个机遇都是一笔巨大的财富，就看我们能不能为它付出自己的行动。

曾经有人说过："在通往成功的道路上，到处是被我们错失的机会。"很多时候，一个适合我们的时机往往只出现一次，在选择时犹犹豫豫，只能让你错过更多好时机。机会一旦初露端倪，就要毫不犹豫地抓住它。当你很想做一件事，又苦于重重的阻力犹豫不决时，不妨就采取这样的行动：先进去再说！只要开始行动了，所有的问题就都变成了"我该怎么做"，而不是停留在"我要不要做"的层面上。

哈佛人告诉我们，人如果在一扇门外站得太久，往往会把困难在想象中无限放大，最后再也没有力气抬起敲门的那只手。事实上，应该推门就进，不给自己犹豫、彷徨的机会，在那一瞬间，你会获得一种战胜恐惧的兴奋与刹那间"历险"的微妙感觉，从而迸发出战胜困难的力量。所以青少年朋友们不要再犹豫了，即刻行动起来吧，为自己创造更多的机遇！

◎哈佛考考你

埃及金字塔是世界七大奇迹之一，其中最高的是胡夫金字塔，它的神秘和壮观吸引了无数人。它的底边长230.6米，由230万块重达2.5吨的巨石堆砌而成。金字塔塔身是斜的，即使有人爬到塔顶上去，也无法测量其高度。后来有一个数学家解决了这个难题，测量出了它的高度，你知道他是怎么做的吗？

◎答案

挑一个好天气，从上午一直等到下午，当太阳的光线给每个人和金字塔投下长影时，就开始行动。在测量者的影子和身高相等，即太阳光正好是以45° 角射向地面时。测量出金字塔阴影的长度，即为金字塔的实际高度。

第七章

如何做一个会说话、懂交际的“团队人”

没有完美的个人，只有完美的团队

“一个人只是单翼天使。两个人抱在一起才能展翅高飞。”这句话出自哈佛学子、微软CEO史蒂夫·鲍尔默之口。它告诉人们，如今的时代是竞争的时代，是优胜劣汰的时代，同时也是合作的时代，成功要靠个人奋斗，但唯我主义要不得，合作才能助你成功。

重视合作的力量毫无疑问，个体力量与群体力量相比都是很小的、有限的。如果在自力更生的基础上，有选择地借助外界的力量，形成合力，为我所用，那么，竞争实力就会倍增，抵制各种风险的能力也会显著增强。

有个人想知道天堂和地狱究竟有什么区别，于是便向上帝请教。

上帝对他说：“好吧，我们先看看什么是地狱。”于是，上帝把他带进一个房间，那里有一群人正围坐在一大锅肉汤前。但是，每个人看起来都面黄肌瘦，一副饥肠辘辘的样子。那人仔细一看，虽然他们都拿着一个可以伸到锅里的汤匙，但汤匙的柄却比他们的手臂还要长，根本无法将食物送进嘴里，就这样，他们只能眼睁睁地看着一锅香喷喷的肉汤兴叹，在饥饿带来的死亡面前，他们神情十分悲苦。

“来吧！我们再来看看什么是天堂。”看过地狱之后，上帝对那个人说。

他们又走进另一间房间，这间房间和第一个房间完全相同：一锅汤、一群人、一样的长柄汤匙。但是这里的每个人都显得很快乐，吃得饱，睡得香，一个个红光满面，精神抖擞。

那个人感觉很奇怪，但他仔细一看，就明白了其中的原因：原来他们都将自己汤匙里的汤送到对面人的嘴里，在相互帮助中，每个人都喝到了美味可口的肉汤。

合作才能双赢。能不能伸手去喂别人，能不能互相帮助，就造成了天堂和地狱之间的差别。

美国通用电气公司历史上最年轻的董事长韦尔奇说过：“要实施成功的管理，管理者不应一个人唱独角戏，而是要让大家一起唱，要牢记集体的力量。”的确，在这个合作的时代，如果青少年还一直停留在个人英雄的时代，那样只会让自己偏离成功的轨道越来越远，我们看看那些诺贝尔获奖项目就会知道，合作获奖的占2/3以上。在诺贝尔奖设立的前25年，合作奖占41%，而现在则跃居80%。

哈佛人告诉我们：通过合作可以使我们利用他人之力来壮大自己，合作可以使双方的优势互补，并使各自的能力产生相乘的效果，从而能创造更大的利益。所谓金无足赤，人无完人，但团队是可以完美的。一个人的力量总是有限的，成功30%靠的是自己，70%靠的是别人。没有团队合作，成功在今天可能只是一句空话。

◎哈佛考考你

测测你是否害怕寂寞：终于搬到了梦寐以求的乡间小木屋，这时体贴的好友想在木屋外最适合观赏日落的位置，买一张休闲的长椅给你，你想这椅子会是什么样子的呢？

A.藤制凉椅

B.古朴的长椅

C.悬挂像是秋千的椅子

◎答案分析

选择A：你是一个很怕寂寞的人，只要一寂寞就会忍不住，什么悲伤的情绪都上来了，把自己弄得多愁善感的样子。其实人生就是这样，你也不必想得这么多，快乐点过日子吧。

选择B：你是可以自己独处的人，甚至可以很享受这种感觉。只是你很容易会被回忆所苦，虽然平时就像个陀螺一样打着转，可是一旦思潮沉淀，就会为从前的种种感到无比的欷歔。哎……放轻松点吧。

选择C：一个人独处的时候，你最常做的事就是发呆，不然就是在那里没事东想西想，你很能沉醉在自己的幻想世界之中。你是一个性情中人，可能为任何事感动得痛哭流涕，不过偶尔流流泪对身体也是有益的。

信任，结交挚友的黄金法则

在哈佛有这样一句名言："彼此信任是良好人际关系的基础。"在这个世界上，人人都厌恶虚伪和欺骗，向往人与人之间的真诚与信任。信任是人们交往与合作的前提，也是我们社会得以有秩序、和谐运转的前提。如果你仔细观察我们周围的人和事，并且把人们对他人的信任程度与他们在生活中的成功大小相比较，你就会发现那些老实人、涉世不深的人，那些认为别人都像自己一样诚实的人，比疑心重重的人生活得更加美满，更加充实。即使他们偶尔受骗，也同样比那些谁也不信的人幸福。

在烟波浩渺的大西洋上，一艘货轮缓缓地向前行驶。在船尾做勤杂的黑人小孩安迪不小心跌落大海。他大声地呼喊救命，可是风大浪急，他的声音完全被淹没了，最后只能眼睁睁地看着货轮拖着浪花越行越远。

安迪并没有放弃求生希望，他在水里拼命地游，他挥动着瘦小的双臂，努力使头伸出水面，睁大眼睛盯着轮船远去的方向。船越来越远，到后来，什么都看不见了，只剩下一望无际的汪洋。

安迪力气也快用完了，实在游不动了，他觉得自己要沉下去了。"放弃吧"，他对自己说。这时候，他想起了老船长，"不，船长知道我掉进海里，一定会来救我的！我不能放弃"。安迪鼓足勇气用生命的最后力量又朝前游去……

船长终于发现安迪失踪了，当他断定孩子是掉进海里后，下令返航，这时船员说：“这么长时间了，就是没有被淹死，也让鲨鱼吃了。”

船长犹豫了一下，还是决定回去找。又有船员说：“为一个黑人孩子，值得吗？”

船长大喝一声：“你们给我住嘴！”

终于，在安迪就要沉下去的最后一刻，货轮又回来了，被救起的安迪苏醒后，跪在地上感谢船长的救命之恩，船长扶起安迪问：“孩子，你怎么能坚持这么长时间？”

安迪流着眼泪说：“我知道您会来救我的，一定会的！”

“你怎么知道我一定会来救你呢？”

“因为我知道您是那样的人！”

听到这里，白发苍苍的船长泪流满面：“孩子，不是我救了你，而是你救了我啊！我为我在那一刻的犹豫感到羞耻……”

人的信任会产生一种力量，被人信任是一种幸福。那么信任是什么呢？信任是在没有隔阂的时候，还彼此相信；更是在危难当前的时候，还依然深信不疑，这才是真正的信任。社会学家卢曼说：“信任是为了简化人与人之间的合作关系。”也就是说有了信任，人与人之间的关系才可以变得简单。青少年应该学会做一个值得他人信任的人，更应该学会去信任他人。

只有相信别人，才能与别人更好地合作。相信别人可以驱散我们心头的猜疑和顾忌，学会信任别人，并且努力让自己变得值得信任，我们与他人的交往和合作就会变得更顺利。

当然，信任不会在凭空的梦幻中产生，也难在乞求恩赐中获得，首先自己要有被人信得过的地方。就是说别人的信任之光只能从你自己的言行这个“光源”中产生。因此，坦诚、不加掩饰地再现自己本来的面目，才是获得信任的基础。注意，与人交往，能把自己“推销”出去，是有胆有识之举。你得适度地暴露自己，让人们一定程度上注意你，这样你就有希望找到释放能量和获得信任的机会。若躲躲闪闪，明枪暗放，故作姿态，忸忸怩怩，给人以捉摸不透的感觉和模模糊糊的印象，那别人是很难确定信任的意向，向你投掷信任的砝码的。所以，如实地表现自己，是取信于人的基石。

梭罗说：“伟大的信任产生在伟大的友谊之上，友谊是信任的基础。”青少年应该知道，信任是一缕阳光，可以温暖他人的心灵。学习中的信任，可以让一个人积极向上；生活中的信任，可以鼓励一个人向乐观出发；社会中的信任，可以激励一个人向成功迈进。

◎哈佛考考你

测测别人对你的信任有多少：如果要你去参加最热门的裸体瑜伽，你最在意的是什么？

A.怕自己不能放松

B.怕别人不能专心

C.怕自己的身材被人批评

◎答案分析

选择A：你说的话，别人都会自动打折扣。因为爱面子又常夸大事实的你常让人搞不清你的话，哪句是真，哪句是假。对你说的话总是半信半疑。这类型的人很孩子气，常常会开玩笑，因此常常弄得大家对他讲的话都半信半疑。

选择B：你说的话，别人基本上不当回事。因为天性喜欢开玩笑且你说话没半句正经，你说的话大家只当笑话听听，根本没任何可信度。这类型的人越天马行空越开心，而且常常会弄一些紧张的情况去惊吓朋友，久而久之大家都认为他的话完全没有可信度。

选择C：你说的话，别人是百分百信服。因为做人有原则又懂分寸的你会对自己说出来的话负责，所以只要是从你嘴里说出的话大家都会打心眼儿里相信。这类型的人在专业的领域中有自己的坚持和原则，他绝对会对自己说出来的任何话负责任，因此大家听了他的话都觉得可信度很高。

学会从对方的角度考虑问题

劳伦斯·萨默斯是哈佛的众多校长中任职时间最短的一位，不是因为他的能力不够，资历不强，而是由于他不能站在学生的立场上思考问题，常常“信口开河”，终于在教职员的“反对”声中，不体面地“被迫辞职”了。

在美国，萨默斯算是一位赫赫有名的人物。他28岁时获哈佛大学哲学博士学位；1982—1983年在总统里根经济顾问委员会任职；1983—1993年受聘为哈佛大学经济学教授，并且成为哈佛大学现代历史上最年轻的终身教授；1991—1993年在世界银行贷款委员会担任首席经济学家；1991—2001年担任克林顿政府第71任财政部长。2001年，47岁的萨默斯接任哈佛校长，由于他一向行事随意，不愿站在对方的立场上思考问题，说话时喜欢“信口开河”，曾在公开场合说出“女性先天不如男性”的话，这种被斥为“性别歧视”的论调，直接导致哈佛大学引爆了一场“反萨默斯风”，导致他与同事的关系紧张，严重影响哈佛的团队精神，于是哈佛的教职员纷纷向萨默斯投下不信任票，在教职员舆论的压力下，萨默斯只好主动辞职。

那些自以为是，目中无人，从不站在对方立场上思考问题的人，迟早要摔跟头。而那些做事处处为他人着想，不仅能为自己获得好名声，为周围的人所敬重，更能使自己拥有一个谦虚、平和的心态。

生活中，有时会发生这种情形：对方或许完全错了，但他仍然不承认。在这种情况下，我们不要去指责他，因为这是愚人的做法。我们应该了解他，而只有聪明、宽容的人才会这样去做。还要善于从他人的角度考虑问题，只有这样才能更好地解决问题，化解一些不必要的麻烦。

我们要找到对方有这样的思想和行为的原因。只有这样我们才能和别人站在一起，以别人的心态来了解问题，解决问题。假如我们都能设身处地地为别人着想，遇到问题时对自己说："如果是我处在他当时的困难中，我将有何感受，有何反应？"这样我们会省去很多的时间与烦恼，也可以增加许多处理人际关系的技巧。

或许，每个人都有这样的体验：当你站在镜子跟前，你笑，镜中人亦对你笑；你皱着眉头，镜中人也冲你皱眉。不管你是否意识到，在人际交往中，同样存在着这种"镜子效应"。心理学规律表明，人们之间的言行总是以善报善，以恶报恶的。在与他人交往时，我们时常发觉，我们加之于对方身上的言行，又被对方转加至你的头上了，这情形就同你站在镜子跟前一样。

站在对方的立场上思考问题，就是换个角度，换种心态，去面对身边的人和事。这并不是简单的阿Q式的自欺欺人，而是因为在积极心态下解决问题远比在消极状态下有利。哈佛的心理学家也认为，换个角度思考问题，你可以使自己获得一种心理上的平衡，而在这种心理平衡的状态下，我们看问题和处理问题都会比较理智。当我们换个角度，站在别人的立场看问题的时候，往往可以更好地说服别人，从而达到自己的目的。

◎哈佛考考你

测测你是否懂得换位思考：朋友邀请你一起参加小组活动，你会参加下列哪一项呢?

A.外出观光旅游

B.写作，手工制作，个人才艺表演

C.化妆美容知识讲座

D.参加与环境污染、自然破坏有关的研讨会

◎**答案分析**

选择A：你属于鼓励型。你天生性格开朗，对那些痛苦不堪，意志消沉的人，你会对他们说“没什么大不了的，明天会更好”以此来安慰鼓励对方。但是，你不擅长深入谈话，对对方的痛苦不够重视，不算是一个好的倾诉对象。

选择B：你属于没有偏见的贴心型。你性格温柔心思细密，尤其能够体验那些心灵脆弱遭遇不幸的人。你的同情不是强者的施舍，而是完全没有偏见的纯真感情，所以你能够理解那些因得不到社会认可而痛苦不堪的人。不过，当遇到比自己幸福的人时，你或许会心生妒忌。

选择C：你属于善于夸奖别人，增强他人信心的人。你很会夸奖别人，善于发现对方的优点，并且能够通过口头的夸奖令对方信心百倍。“你完全能够做到！”“加油吧！”之类的话，可以使对方鼓足干劲、信心十足。但是，你总是很强势，不会同情那些喜欢争强好胜却又没有能力的人。

选择D：你属于黑脸包公型。你为人正直，能够一视同仁。但是，也因为如此，你不能理解别人的心情与内心感受，比如你会说“大家都能承受，你也应该努力承受”之类的话。但往往因为你过于强调集体利益，而容易忽略个人的感受。

会赞美的人走到哪里都受欢迎

1975年的母亲节，当时正在哈佛大学读二年级的比尔·盖茨寄给他妈妈一张贺卡。在卡片上，比尔·盖茨用斜体英文写着这样一段话：“我爱您！妈妈，您从来不说我比别的孩子差；您总是在我干的事情中，不断寻找值得赞许的地方；我怀念和您在一起的所有时光。”从这张问候卡上，我们能感觉到，这位创造了微软神话的亿万富翁，从他母亲那儿得到了最珍贵的礼物——赞美。

哈佛学子林肯说，人人都喜欢被人称赞。赞美是我们乐观面对生活所不可缺少的，是我们自信、自我肯定的力量源泉，更是人际关系的润滑剂。赞美不仅是一种美德，更是一门学问，当我们需要寻求帮助时，赞美可以令他人欣然答应我们的请求；当我们需要表达意见时，赞美会让他人更愿意倾听我们的看法和建议。学会赞美他人，以欣赏的目光去看待他人，能使我们心胸开阔，与他人建立更和谐的人际关系。

塞尔玛夫人家雇了一位新的女佣，这个女佣从下星期一开始正式上班。为了更好地了解这个女佣的情况，塞尔玛夫人给女佣的前雇主打了一个电话，询问道：“这个女佣怎么样？”没想到，从前雇主那里得到的对女佣的评价，居然是贬比褒多。

塞尔玛夫人心里有了主意。很快就到了星期一，女佣来了，塞尔玛夫人对她说：“贝丝，几天以前，我打电话请教了你的前任雇主，她告诉我说，你为人很老实可靠，而且，还煮得一手好菜，带孩子也十分细心，唯一的缺点就是理家有点外行，总是将屋子弄得脏兮兮的。听了这样的评价，我想这位雇主的话似乎并不可信，今天，我看见了你的穿着，发现你是一个十分爱干净的人，我相信这是你的习惯，你肯定会将家里打扫得干干净净，而且，我们会相处得很愉快的。”听了塞尔玛夫人的话，贝丝的脸涨红了，她在心里暗暗发誓：以后一定要在这里好好干。

后来，贝丝与塞尔玛夫人相处得非常愉快，贝丝将房间整理得井井有条，一尘不染，而且工作也十分勤奋，宁愿自己加班，也不会耽误家务工作。

赞美能令一个人将自己所有的优点都展现得淋漓尽致，塞尔玛夫人的赞美令贝丝感到愉悦，而这样一份美好的心情很快就体现在工作中。正如人际关系专家卡耐基所说：“喜欢被人认可，感觉自己很重要，是人不同于其他低等动物的主要特性。”世界上最美好的声音就是赞美，最好的礼物也是赞美，成功的赞美能给人带来愉悦，能使人受到鼓舞。

在哈佛，几乎每一位教授都热衷于赞美学生，因为他们知道，只有这样，学生才会乐于听自己说话。每个人都有优点，当你发现了别人的某个优点，就大胆地用真诚大方的语气把你的赞美说出口。实事求是而不是刻意夸张的赞美，还可以对别人起到一种督促作用，为了不辜负你的赞扬，他会尽力表现得更加出色。

在现实生活中，每个人都渴望得到他人的赞美，因为每个人内心都希望自己所付出的努力可以被别人看见，自己所获得的成绩能够获得肯定。习惯赞美他人的人，总能够成为社交场上的主角，因为大家都乐于听他们说话。在日常交际中，赞美的语言能让越来越多的人喜欢听自己说话，毕竟谁都喜欢听赞美的话。不仅如此，在日常生活中，赞美还能够增强一个人的信心。

哈佛心理学、哲学教授威廉·詹姆斯曾经说过：“人性最深刻的原则就是希望别人对自己加以赏识。”所以，在与人交往的过程中，适当的赞美，是对他人价值的肯定，可以帮助他人增加成就感，有利于增进彼此和谐、温暖、美好的感情，改善人际关系。

◎哈佛考考你

赞美声看你事业选择：这里有一对男女，正在交谈着，女孩正在微笑，那么在你眼中这位男士到底对这位女孩说了什么？

A.你真是面面俱到而且聪明

B.你真是活泼大方

C.你的品位真好，你总是打扮得漂漂亮亮

D.你真是温柔呀

◎答案分析

选择A：热情、感动型——你是一个能明明白白地表示自己好恶的人，因你从不忌讳谈论自己的情感，所以在别人眼中是个热情家。对于自己渴望的事物会积极地努力争取，越难达成越想去完成，不喜欢因循老套的生活方式，若从事自营事业或是自由业，定能如鱼得水般快乐。

选择B：谨慎、安全型——你是一个常有不切实际发言的人，可是当事情发生须做决定时却又表现得相当保守。但是，你会忠实努力去完成被交代的任务，在公司及家中会得长辈喜爱，绝不会为了自己的意见去反抗长辈。

选择C：反抗、叛逆型——当你被人指使去做事时，决不会好好去完成。非常讨厌一般大众化，在创造上非常有才华，对于自己认为对的事，决不轻易放弃，会战斗到底。

选择D：合理、知性型——你可能会被朋友认为是一个非常冷酷、无情的人，因为你对任何事都很少有反应过度的表现，如大哭大叫。因为当你遇到事情时，通常你都会以各种角度去分析、整理，再做决定，也不会被感情左右判断，很适合从事教职工作或司法行政相关的工作。

学会倾听——会说的不如会听的

哈佛的学子一直坚持这样一个观点：做一个好的听者，鼓励他人谈论他们自己和他们所知道的一切，这样你会在人际交往中受到更多人的喜欢。

你知道人为什么只长了一张嘴巴却有两只耳朵吗？那是在告诉人们：要多听听别人在说什么。我们每一个人了解世界、了解他人、了解事情的真相，不能只靠自己的眼睛，还应该用耳朵从他人那里了解我们无法看到的事物，从而避免认识上的偏差。因此，我们解释世界、评价他人和评估事情，不能只靠自己的嘴巴，还应该用耳朵去倾听，从他人那里获得不同的想法，以避免主观偏见。

善于倾听的人总是善于理解和沟通的。当一个为成功而喜悦的人面对一个微笑着倾听的朋友时，他会感到这位朋友是理解他的，也是为他而高兴的。当一个因失恋而愁眉苦脸的人面对一个表情凝重而专注，耐心倾听的朋友时，他会感到朋友能理解自己的痛苦，虽然朋友没能提出如何重获爱情的好建议，但他已感到自己得到了一点心理依靠。

在尼尔看来，马库斯是他见到的最受欢迎的人士之一。平时马库斯总能受到朋友的邀请，经常有人请他参加聚会、共进午餐、打高尔夫球或网球等。这让尼尔很是羡慕。

有一天晚上，尼尔碰巧到一个朋友家参加一次小型社交活动。他发现马库斯和一个漂亮女孩坐在一个角落里。出于好奇，尼尔远远地注意了一段时间。尼尔发现那位漂亮女孩一直在说，而马库斯好像一句话也没说。他只是有时笑一笑，点一点头，仅此而已。几小时后，他们起身，谢过男女主人，走了。

第二天，尼尔见到马库斯时禁不住问道："昨天晚上我在斯旺森家看见你和最迷人的女孩在一起。她好像完全被你吸引住了。你是怎么抓住她的注意力的？"

"很简单。"马库斯微笑着说。原来，昨天晚上斯旺森太太把乔安介绍给马库斯，他只是对她说："你的皮肤晒得真漂亮，在冬季也这么漂亮，是怎么做的？你去哪呢？阿卡普尔科还是夏威夷？"

"夏威夷。"她说，"夏威夷永远都风景如画。"

"你能把一切都告诉我吗？"马库斯说。

"当然。"乔安回答。于是他们就找了个安静的角落，接下来的两个小时乔安一直在对马库斯谈夏威夷。

"今天早晨乔安打电话给我，说她很喜欢我陪她。她说很想再见到我，因为我是最有意思的谈伴。但说实话，我整个晚上没说几句话。"马库斯很坦诚地对尼尔说。尼尔还是很疑惑，马库斯受欢迎的秘诀到底是什么呢？其实很简单，马库斯只是让乔安谈自己。他对每个人都这样——对他人说："请告诉我这一切。"这足以让一般人激动好几个小时。人们喜欢马库斯就因为他注意他们。

的确是这样的，每个人都有一种渴望别人尊重或重视自己的愿望，而受到重视的最基本条件是愿意认真地倾听，所以当你自认为是理解朋友的时候，先得问问自己："我能专心地倾听朋友的话吗？"即使是一些平淡无奇的庸人之语，对说的人来讲，可能也是重要的。

善于听别人说话有时比注意自己讲话更重要。在交往过程中，擅长倾听的人，在别人的心目中都会留下良好的第一印象。要做到"会听"，首先，要有正确的"听"的态度，专心地听对方谈话，态度谦虚，始终用目光注视对方。其次，在听的过程中，要善于通过身体语言和话语给对方以必要的反馈，做一个积极的"听众"。例如，听话时适当地点头，"嗯""噢""是吗""真的吗"等表示自己确实在听和鼓励对方继续说下去；思考对方所说的话以填补停顿时间；重新说一遍自己听对方提到的内容等。最后，还要能够巧妙地表达自己的意见，不要坚持与对方明显不合的意见。因为几乎所有的说话者都希望别人听他说话，或者希望听的人能够设身处地为他着想，而绝不是给他提意见。同时，还要注意，不要轻易打断或试图打断别人的谈话。很多接受过心理咨询的人都会体验到，一个好的心理医生就是一个最好的“听众”。他们总是积极关注着你的发言，并且从不将自己的观念强加到你的头上。他们积极地诱导你、鼓励你说出心中的苦闷、迷惘。他们为你的悲伤而悲伤，为你的快乐而快乐。

总之，我们在与别人说话时要注意积极倾听，在初次交往的很短时间内就能加入到对方的谈话中，并且察言观色、随机应变，给对方留下良好的第一印象。特别是对一个胸有大志的青少年来说，应该养成高效倾听的好习惯。用求知若渴的心去与人交往，从他人的言行中点点滴滴地获取真知。当你具备了这种态度时，你就会成为真理的朋友。

◎哈佛考考你

团队当中你是个超级搞笑的人，还是一个安静、乐于倾听的观众，或者是一个很努力逗乐却只得到冷场的可怜人呢？

化妆是件需要技巧的美容工程，技巧高超还能把“恐龙”变美女，甚至男子汉也能变身为美娇娘。你认为哪一部位的脸部化妆，最具有决定性的影响呢？

A.嘴部化妆

B.打全脸粉底

C.眉毛修饰

D.眼部化妆

◎答案分析

选择A：在团体中，这类人很爱依靠别人，深信天塌下来有高个子顶着，大小事都不会主动去做，也容易搞不清状况，有时真无知或装无知太过离谱，也会被大家当成笑话来看，不少流传在这类人活动团体里的经典笑话，都是以他（她）的糗事，或是令人跌倒的言语为蓝本，所以这类人也是团体中的爆笑制造者，不过可不是出于自愿的。

选择B：这类人不是镁光灯的焦点，比较善于去看别人搞笑，发自内心去为他人鼓掌，很配合地笑到底，让开心果得到回馈，表演得更来劲。一旦轮到他（她）被推上场，内容则是多走温馨路线，大伙儿不会笑到在地上打滚，但是却有让大家笑中带泪的力量，不时想起来还留有一些感动余味呢。

选择C：天生就爱搞笑的这类人，是团体中的开心果，喜爱被人逗笑的乐趣，要是没人上场逗大伙笑，他（她）就会开始挤眉弄眼，说笑话讲八卦，还搬出说学逗唱的本事，荤素不忌，使尽浑身解数来逗乐大家，看到大家笑到不支倒地，就是他（她）的欢乐源头。

选择D：这类人表面冷静，似乎神圣不可侵犯，更别提要搞笑，这是不可能的任务。在团体中，连拿他（她）来开玩笑，大家都有所忌惮，不敢老虎头上拔毛，免得这类人翻脸，坏了大伙儿相聚的乐趣。不过他（她）偶尔开窍，说个笑话来逗乐，虽然很努力，但是效果却够冷。

宽容与原谅——人际交往课上的重要内容

哈佛学子、美国前总统林肯在别人批评他与敌人做朋友而不是消灭他们的时候，林肯只是温和地说：“当他们变成我的朋友时，难道我不是在消灭敌人吗？”宽容是一种生存的智慧，生活的艺术，是看透了人生以后所获得的那份从容、自信和超然。宽容，本身就是一种圆融通达的智慧。懂得宽容的人，往往能够洞明世事，凡事看得深、想得开、放得下，因为他们懂得“处世让一步为高，退步即是进步；待人宽一分是福，利人实是利己”的道理。那些懂得宽容，能够宽容的人总是给人以成熟与自信的力量，让他人心生敬佩之意。

有一支部队在森林中与敌军相遇，经过了一场激烈的战争之后，有两名战士与部队失去了联系，他们只能相依为命。两人来自同一个小镇，他们在森林中艰难跋涉，互相安慰，可是，十多天过去了，他们仍然没有与部队联系上。有一天，他们打死了一只鹿，他们凭着鹿肉艰难地度过了几天，也许是战争使动物都逃走或被杀光了。在这之后，他们再也没看到任何动物，两名战士继续前行，但是他们只剩下一点鹿肉了。

这一天，两名战士在森林中与敌军相遇，经过一次激战，两人巧妙地避开了敌人。就在他们脱离危险时，却听到一声枪响，走在前面那个年轻战士中了一枪，幸运的是伤在了肩膀上。后面的那位战士惶恐不安地跑过来，他害怕得语无伦次，抱着年轻战士的身体泪流不止，赶快撕下自己的衬衣将战友的伤口包扎好。那天晚上，没有受伤的战士一直念叨着母亲的名字，他们都认为自己熬不过这一关了，但是，尽管他们十分饥饿，但谁也没有动身边的鹿肉。幸运的是，第二天部队救出了他们。

30年过去了，那位受伤的战士说："我知道是谁开的那一枪，他就是我的战友，当时他抱住我时，我感觉到他的枪管是热的，我怎么也不明白，他为什么对我开枪？但是，当天晚上我就原谅了他，我知道他想独吞那点鹿肉，我知道他想为了母亲而活下来。在以后的30年里，我假装根本不知道这件事，也从来不提起这件事。战争太残酷了，他的母亲还是没有等到他回来，我和战友一起祭奠了他的母亲。那一天，战友跪下来，请求我原谅他，我没有让他继续说下去，我们继续做了几十年的朋友，我宽容了他。"

即使战友伤害了自己，但是，那位战士依然决定以宽容来对待他，在他原谅战友的那一刻，他自己的心灵也得到了救赎。宽容，让我们少了一份忧伤，多了一份快乐；宽容，使我们少了一份仇恨，多了一份善良；宽容，让我们少了一份嫉妒，多了一份真诚；宽容，使我们少了一份纷争，多了一份友爱。宽容，使我们的心灵得到升华，宽容是解救自己心灵的心法。

有人不明白，宽容到底是什么。当一只脚踩在了紫罗兰的花瓣上，而我们的鞋底却保留着花的香味，这就是宽容的最好诠释。面对他人有意或无意间造成的错误，如果我们心里充满憎恨，老是愤愤不平，希望别人能遭到不幸或惩罚，内心充满仇恨的同时，我们已经失去了往日那种轻松的心境和快乐的情绪。学会宽容他人的错误，即使只是一句再简单的话，也能够迎来蔚蓝的天空。其实，宽容并不是姑息他人的过错，更不是自己软弱的表现，而是一种理解，一种心灵的修炼。当别人做了错事的时候，宽容对方往往是最好的处理办法。

美国心理学家克里斯托弗·皮特森说："宽恕与快乐紧紧相连，宽恕是所有美德之中的王后，也是最难拥有的。"如果我们心中总是充满着仇恨、愤怒，那么，无疑是拿别人的错误来惩罚自己。所以，宽容待人实际上就是宽容待己。

◎**哈佛考考你**

你能宽容朋友吗？如果你的朋友不小心弄坏了你心爱的东西，你会：

A.大发雷霆，把对方骂得狗血淋头

B.算了，自认倒霉，只能气往心里去

C.要求对方照价赔偿

D.宽宏大量，不会生气

◎**答案分析**

选择A：在你的观念中，朋友不会比你心爱的东西来得重要，正因为如此，你的朋友到最后都会成为你的敌人。事实上，你的人际关系在心理上的出发点就有点偏差，你的敌我意识不是很强，你对人际关系的需求也不会很强烈。

选择B：你是一个怕得罪人的人，在表面上你只能自认倒霉，但在心底你却会愤怒不已，而又不能表现出来。你在处理人际关系的心态上，有点委曲求全，可能是你怕和别人形成敌对的状态。而这种敌对状态会给你带来很大的心理压力和精神负担，所以你没有信心去处理这些关系。你宁可退一步，以求大局和平。

选择C：你觉得你和所有的朋友都是处于对等状态，没有谁该怕谁，谁该让谁的说法。因此，你的态度很客观，也很中立。不会预设立场，把自己的敌我意识先摆出来，或者是先设定自己的受害意识。你这样的处理方式，应该是让大多数人可以接受的做法。不过，要是遇到一些自我意识较强烈的人，你就会被认为太不讲人情，因而得罪对方。

选择D：你是个老好人，你很尊重对方的自尊和价值，让对方感受到他是一个很受重视的人。因此，他除了感谢你之外，还会以对等的态度回报你，将你当成最好的朋友。在你处理人际关系的观念中，知道人的价值重过一切，因此你在处理事情的时候，会不自觉地以客观的立场考虑利害得失。就因为你这样重视朋友，给朋友面子，你的人际关系很圆满。

学会分享：分享越多，收获越多

一位哈佛教授向一个学生问了这样一个问题："如果你有5个苹果，你会怎么做呢？"这个学生不假思索地回答："我会自己吃掉一个，另外四个分给朋友。"教授似乎对这答案很满意，忍不住好奇地问道："为什么？"学生回答道："我吃一个苹果，能品尝出苹果的味道，吃5个苹果还是只能品尝出苹果的味道，不如与别人分享，让别人也品尝苹果的味道，这样，5份苹果的味道变成了1份苹果的味道与4份快乐，何乐而不为呢？"教授赞许地点点头，微笑着说："这就是我今天要教大家学习的内容——分享越多，收获越多。"

在如今这个合作共赢的时代里，一个人要想获得更多，必须要学会与人分享。因为分享越多，收获也越多。任何个人都没法担当全部，一个人的价值是体现在与别人相互帮助的基础上的。许多时候，与他人分享自己的拥有，我们才能认清自己的位置和方向。

20世纪30年代的时候，英国送奶公司送到订户门口的牛奶，既不用盖子也不封口。这样做的后果，就是很多牛奶都成了麻雀和红襟鸟的美餐。因为麻雀和红襟鸟可以很容易地吃到凝固在奶瓶上层的奶油皮。

后来，牛奶公司把奶瓶口用锡箔纸封起来，以防止鸟儿偷食。这样的改进方法确实取得了一定的效果，可惜好景不长，20年后，英国的麻雀都学会了用喙把奶瓶的锡箔纸啄开，继续吃它们喜爱的奶油皮。然而，红襟鸟却一直没学会这种方法。

许多科研人员就这个问题进行了一段时间的观察和研究，终于发现了其中的奥秘。原来，麻雀是群居的鸟类，常常一起行动，当某只麻雀发现了啄破锡箔纸的方法后，就可以教会别的麻雀。而红襟鸟则喜欢独居，它们圈地而居，沟通仅止于求偶和对于侵犯者的驱逐。因此，就算有某只红襟鸟发现锡箔纸可以啄破，其他的红襟鸟也无法知晓。

动物是这样，人也如此。分享可以促进人与人之间的互相交流和学习，可以使我们更快成长。青少年正值学习知识的黄金时期，在独立钻研的同时，要学会与大家分享新发现、新成果，相互磋商，彼此分享，创造一种积极互助的关系。合作能够产生合力，分享能让人领先一步。正如英国戏剧家萧伯纳所说：“倘若你有一个苹果，我也有一个苹果，而我们彼此交换苹果，那么我们仍然各有一个苹果。但是，倘若你有一种思想，我也有一种思想，而我们彼此交流这些思想，那么我们每人将各有两种思想。”

学会分享可以使我们学会关心他人，关心自己；欣赏他人，欣赏自己；有效地团结协作，交际磨合；注意权衡自己在群体中的地位和作用，处理好人际关系；及时地把自己的想法以适当的方式表达出来，走出封闭的自我，积极接纳别人的看法，能够与他人进行心灵的沟通。

一个懂得分享的人，生命就像加利利海的活水一样，丰沛而且充满活力。只有懂得与别人交流和分享，我们才能够在智慧和情感的分享中不断地提升与发展。

富兰克林说过这样一句话：“我读书多，骑马少，做别人的事多，做自己的事少。最终的时刻终将来临，到那时我但愿听到这样的话‘他活着对大家有益’，而不是‘他死时很富有’。”是的，分享才能共赢。所以青少年应该切记：任何时候都不要吃独食。一个懂得分享的人，才是一个有爱心与责任心的人；一个懂得分享的人，才是一个知冷暖、知风雨的人；一个懂得分享的人，才是一个拥有高尚情操的人，才是一个成就大事业的人。

◎**哈佛考考你**

你是守财奴性格吗？假设你是一个间谍，一起被抓的间谍同伴正在被讯问，呻吟声跟巨大声响不断从隔壁拷问室传过来。“你的伙伴已经招了，想要活命的话，最好赶快说实话！”警察用力拍着桌子拷问到。接下来你会怎么做呢？

A.伙伴怎么样都没关系，总之自己先招再说

B.伙伴已经招了吗？没办法……就这样招出一切

C.伙伴应该不会招供，所以自己也不肯招出来

D.不管伙伴招不招，自己绝对不会泄露半句话

◎**答案分析**

选择A：信用卡破产型。喜欢摆阔的你，钱包就像缺了口一样，虽然大家都喜欢奉承你，但是多半是“财去人也散”的情况，你常常会被别人利用。

选择B：出手大方型。你用钱的方法会让自己陷入拮据的窘境。由于出手大方，很受大家欢迎，这样的你，距离信用卡破产只差几步路，潜意识里不断想要更多东西，无法克制自己的欲望。

选择C：自我控制型。你很懂得自我控制，但有时表现得适得其反，这种类型跟第四种类型都属于心理学上的肛门期。虽然已经到了不包尿布的年纪，但是仍然不太会使用厕所，只会拼命忍耐。

选择D：守财奴型。严格来说，这种类型不是小气，而是非常典型的守财奴，因此朋友与异性都对你敬而远之，这种人多半会极尽所能地攒钱，但是却不敢用钱，这样往往会让自己吃亏。

第八章

永远的NO.1，让优秀成为一种习惯

哈佛毕业生“可怕”的领袖气质

在每年的毕业典礼上，哈佛大学的校长都会这样告诫学生：“不管你们在校时多么优秀，毕业后都会是一个零，都是一张白纸，在社会的浪潮中，唯有那些具有领袖气质的人，才能成就一番大事。”哈佛校长所说的“领袖”，不仅是在一个团体中充当着核心的角色，同时领袖还能够通过言行指引团体出色地完成某些任务。从公司角度上来看，这是一种管理能力的体现；从人格上来看，更是一种难能可贵的人格魅力。

在将近一百年前的南极探险中，英国探险家沙克尔顿曾经受困于冰海两年，在不可能得到任何营救的情况下，率领他的探险队和船员奋力求生，最后28人竟然无一伤亡。这样的“壮举”在高科技如此发达的今天，恐怕也算是一个奇迹，而在当时恶劣的条件下，只能用伟大来形容了。

1914年秋天，沙克尔顿的探险船被冰冻在南极边缘动弹不得；1915年夏天，探险队被迫弃船步行求生；1916年春天，探险队在绝望中由沙克尔顿等6人驾驶一条救生艇驶向南乔治亚岛求救；16天后，沙克尔顿登陆南乔治亚岛南岸，步行穿越高山与冰原抵达北岸，终于找到了捕鲸站和挪威籍船长；1916年8月，沙克尔顿搭乘挪威捕鲸船返回，全体队员获救。

在乘坐救生艇驶向南乔治亚岛的航程中，船员轮流值班，沙克尔顿要求每个船员在开始值班前必须喝一杯热牛奶。面对着茫茫的冰海，前途一片渺茫，可是船员始终能够保持士气，靠的就是随船携带的一只小煤油炉，每天提供的一顿热餐、一杯热牛奶，还有沙克尔顿给予船员们的坚定的信念。

在沙克尔顿率领小分队驶往南乔治亚岛之前，曾经秘密写下一张纸条交给一位留守船员，相约20天后如果他还没回来就打开看。纸条上写着：“我一定会回来营救你们，如果我不能回来，那我也已经尽我所能了。”而事实上，由于多次尝试失败，沙克尔顿4个月后才带领营救船赶回，他登上岸看见的是，留守队员们毫发无损，而那张纸条却始终没有被打开过。一位船员告诉他：“因为我和剩下的船员直到那时仍然坚信沙克尔顿会成功，他不会丢下我们不管。”

这既是一场足以被载入史册的航行，又是一个绝处逢生的故事，从1914年8月1日起航到1916年8月30日救出所有队员，它一共历时两年零1个月。尽管从原本探险南极的计划来看，这是一次失败的旅行，但不能否认的是，它是人类历史上英勇和顽强斗争的典范。当时整个探险队的生存希望几乎为零，但即使在这样的情况下，沙克尔顿仍然保持队员的士气，维系团队精神。这种处乱不惊的领袖气质以及临危不惧的坚毅和诚信，仍是当今社会要学习的榜样。

故事中沙克尔顿的领袖气质着实让人钦佩，同时也让我们明白一个道理：拥有领袖气质的人，不仅是在一个团体中充当着核心的角色，同时还能够通过言行指引团体出色地完成某些任务。事实上，在任何一个团队中，总有某一个人充当着核心的角色，他的言行能够被团队认可，并指引着团队的某一些决策和行动。我们可以把这种人所具备的人格魅力称为：“领袖气质”。具有这种领袖气质的并不一定是高层的管理者，在任何一个团队中，小到几个人组成的办公室，大到一个集团，总会有一个人具有说服他人、引导他人的能力。

美国历史上威望最高的罗斯福总统说过这样的两句话：“一位最佳的领袖必是一位知人善任者。而在下属甘心从事其职务时，领袖要有约束力量，切不可插手干涉他们。”同样身为总统的理查德·尼克松也说过：“我有一个原则，就是拒绝做别人可以做的决定。领袖的第一条原则就是只做该做的大决定，不要把自己搞得琐事缠身，不要把自己变成问题。”

哈佛毕业生都有一种“可怕”的领袖气质，他们明白一个道理：不事事包揽，管好自己的人，办好自己该办的事，这是一个优秀领导必备的气质。这样的领导才会轻松而游刃有余，向世界奉献杰出的成就。青少年想要成为一名优秀的领导者，就应该拥有知晓他人的能力，并且能够信任他人。在下属甘心从事某一项职务的时候，你要有约束力量，千万不要轻易插手或干涉他们。

◎哈佛考考你

你能够成为精神领袖吗？有不少人从小就开始收集邮票，小小方寸之间，就如同一幅幅袖珍画一般，精致而耐人寻味。那么，在众多集邮主题之中，你最偏爱哪一种呢？

A.绘画艺术

B.风景名胜

C.活动纪念

D.人物肖像

◎答案分析

选择A：你的品味独特出众，所以有不少人都在暗中关注你最近买了什么，或是又在参与什么活动。因为你的选择很少出错，可以直接模仿、跟进，不必担心会带来什么负面的影响。所以你根本就是大家的精神指标，一举一动都受到瞩目，身边有不少一窝蜂的流行风潮，大概都是被你带领起来的。

选择B：你不愿左右别人的想法，很少表达个人主观的意见。可是当有人来向你征询的时候，你会试着将所有相关因素分析给对方知道，提供详尽的资料，让那个人能够自行判断选择，你认为这样做才是最合适的方式。虽然没有给予具体的解决方案，可是你的做法也正符合求助者的需要，所以在别人心中，你的意见占有举足轻重的分量。

选择C：你说的话对大家都挺有帮助的，因为见多识广，消息来源多而有效率，只要给几个关键词，你就可以从功能超强的大脑记忆体中调出相关资料。所以大家都会把你奉若“传播之神”，因为你在信息流通方面贡献不少心力。你所探听的事情范围广，所以能应付各种人的要求，不过若要更深入的剖析，可就要另请高明了。

选择D：你做事循规蹈矩，总是照着步骤来做，不会有好高骛远的心态，所以成功的概率颇大。诚恳的做事态度，还有稳健踏实的脚步，都让人很想要追随在你身后，向你学习。因为你不会藏私，有什么不错的想法和体会，都很乐意与其他人分享，从而会成为一个带领团队成长的领导者。

即使现在，对手也在不停地翻动书页

很多人认为，从哈佛毕业的学生，个个都是饱学之士，他们的知识，已经足以让他们应对某个行业的需求。但哈佛人不这样认为。在哈佛人看来，学校里学的东西是十分有限的，在工作和生活中所需要的相当多的知识和技能，完全要靠自己在实践中边学边摸索。与学校相比，社会是一本更大的书，需要不断地翻阅。

在哈佛图书馆里有这样一句训言：即使现在，对手也在不停地翻动书页！如今变化越来越快的社会，你随时随处都会遇到竞争对手。哈佛的教授们常对学生说："面对对手，你不能躲避，更不能后退，而要迎着对手向前。但是，在竞争的过程中，你也要时刻保持警惕。你不能止步，因为对手时时都在前进，稍不留神，就会被他甩到后面。"要时刻保持竞争力，就要不满足于已有的成绩，不断挑战自我，让自己更进一步。很多成功者都是以此来激励自己，不断向前的。

德国设计中心主席彼得·扎克说："在人生的这场游戏中，你要拥有生活和学习的热情，吸收能够使自己继续成长的东西来充实你的头脑。"如果一个人不能持续学习的话，就会被社会淘汰。据美国国家研究委员会调查，在美国，半数以上的劳工技能在5年内就会变得一无所用，而以前这段技能的淘汰期是7–14年。在工程界，毕业10年后所学的知识还能派上用场的不足25%。因此，懂得随时随地补充能量，拥有一种学习心态才能够积极自信。

在哈佛大学学习，训练和作息安排得非常紧张，学生没有时间去消遣和从事个人爱好。在残酷的竞争条件下，昔日的成功已不再是吹嘘的资本。在哈佛人的理念中，落后就意味着死亡。紧张的节奏从入学的第一天一直持续到最后一天。所以，他们唯一要做的就是，向着目标勇往直前，不给对手以赶超的机会。

两届奥运会夺取14块金牌的成绩，让菲尔普斯有了外星人的称号。"很多人都说你是从外星来的，才能游得这么快，你是怎么看的？”菲尔普斯显然还不适应中国主持人的玩笑方式，他竟然很认真地解释起自己的身世之谜：“我不是外星人，我与大家一样都来自地球……”

1.93米的身高，79公斤的体重，肩宽腰窄，上肢长下肢短，尽管有着常人无法比拟的身体优势，这位游泳天才仍然将自己的成功归结于勤奋。“我游得快是因为我努力。”

自学游泳以来，早上5点钟起床训练是他雷打不动的定律。在过去的7年里，他仅有5天没有下过水。“圣诞节是肯定要练的，过生日也要下水两次。”这是教练鲍勃·鲍曼在一次访谈中透露的。正是这种近乎偏执的努力，菲尔普斯才取得了令人羡慕的成就。

在这个世界上，没有谁能够随随便便成功。真正的成功是不会光顾那些四体不勤、五谷不分的人的，苦练内功、不断学习是一个成功者不可或缺的品质。

要想比对手跑得快，你就要付出更多的努力。因为你与对手的基本条件几乎是相等的，要想在竞争中胜出，你唯有多付出，多努力，要一直保持在对手的前方，哪怕这种领先只是一小步，只要你在前，你就能掌握更大的主动权。对此，哈佛人的观点是，每一次都尽力超越上次的表现，很快你就会超越周遭的人。

苏联伟大的文学家高尔基在谈到青少年成才的关键时说：“人的天赋就像火花，它既可以熄灭，也可以燃烧起来，而促使它燃烧的方法只有一个，就是劳动，再劳动。”所以青少年要明白，成功来源于艰苦卓绝的奋斗，天下没有免费的午餐，只有靠自己的双手和双脚才能创造出属于自己的世界。

总之，不论何时何地，你都要记得领先对手，提醒自己时刻保持上进的势头。因为，对手也在马不停蹄地向前跑。

◎哈佛考考你

妮可自从她出生以来，每年生日的时候都会有一个蛋糕，上面插着等于她年龄数的蜡烛（比如11岁时就插11支蜡烛）。迄今为止，妮可已经吹灭了231支蜡烛，你知道她现在多少岁了吗？

◎答案

21岁。计算方法很简单，就是将从1开始以后的连续自然数相加，到210的时候，最后一个数字是21。

走自己的路，成功者需要走不寻常的路

哈佛大学的教授们经常说的一句话就是："这个世界上没有什么不可能。"哈佛学子也受到这一理念的鼓舞不断挑战常规、挑战自我。我们平时也经常听到"不走寻常路"这句话。走自己的路，就意味着走与众不同的路，步人后尘不会拥有光辉的前景，独辟蹊径才可能开拓出一个崭新的未来。因为没有哪一个人的成功之路是别人给开辟的，也没有哪一个人的成功之路是上天打造的现成的风光之旅。

让我们来切一个苹果吧。如果给你一把刀，一个苹果，你会习惯性地从苹果头往苹果底纵切。但是你有没有想过横腰切苹果呢？切成之后它会成为另一种图案，又会成为菜肴的装饰。这就是一种不走寻常路在生活中简单而富有哲理的例子。试想一下，在生活中我们何不尝试一下走不寻常的路呢？

卡塞尔是苏富比拍卖行的拍卖师。越战期间，他在一次募捐晚会上以自己的智慧募集到一美元。当时，他让大家在晚会上选一位最漂亮的姑娘，然后由他来拍卖这位姑娘的一个吻，最后他募集到了难得的一美元。当好莱坞把这一美元寄往越南前线的时候，美国的各大报纸都对此进行了报道，卡塞尔也因此一举成名。

德国的一个猎头公司由此认为卡塞尔是棵摇钱树，若能运用他的头脑，必将财源滚滚。于是，这家公司建议日渐衰落的奥格斯堡啤酒厂重金聘卡塞尔为顾问。后来，卡塞尔移居德国，受聘于奥格斯堡啤酒厂。他果然不负众望，开发了美容啤酒和浴用啤酒，从而使奥格斯堡啤酒厂一夜之间成为全世界销量最大的啤酒厂。

1990年，卡塞尔以德国政府顾问的身份主持拆除柏林墙。这一次，他使柏林墙的每一块砖都以收藏品的形式进入了世界200多万个公司和家庭，创造了城墙砖售价的世界之最。

到了1998年的时候，卡塞尔返回美国。他下飞机的时候，美国赌城拉斯维加斯正上演一出拳击闹剧：泰森咬掉了霍利菲尔德的半只耳朵。出人意料的是，第二天，欧洲和美国的超市里竟然出现了“霍氏耳朵”巧克力，其生产厂家正是卡塞尔所属的特尔尼公司。这一次，卡塞尔虽因霍利菲尔德的起诉输掉了赢利额的80%，然而，他天才的商业洞察力却为他赢得了年薪3000万美元的身价。

21世纪到来的那一天，卡塞尔应休斯敦大学校长曼海姆的邀请，回母校做创业方面的演讲。

演讲会上，一个学生当众向他提出这么一个问题：“卡塞尔先生，您能在我单腿站立的时间里，把您创业的精髓告诉我吗？”那位学生正准备抬起一只脚，卡塞尔就已答复完毕：“生活教会我们只有不走寻常路，才有路可走。有勇气、有智慧的人通常会选择走一条人迹罕至的道路，因为独辟蹊径才有可能留下深深的足印。”

生活中，我们常常彷徨在人生的路口，看不见前进的方向，这时我们会急着寻求成功者的帮助。一旦他们开口，便被人们奉为至理名言；一旦他们指路，就被人们视为成功的捷径。于是，不论男女老幼，人们一窝蜂地踏上所谓的“成功之路”。每个人的成长就像一个模子刻出来的，毫无特色，更不用说成功。然而，即便成功也仅仅是少数人的成功，他们也仅仅成了更多人的影子。殊不知，在通往成功的路上，每个人都有一条自己独有的路，一条不寻常的路。

不走寻常路是内心的觉醒，是思维的革新。人生在世会遇到很多的十字路口，抉择是件很困难的事，不走寻常路往往会走出一条不同寻常的人生。

苏联“宇宙之父”齐奥尔科夫斯基，少年时患猩红热而耳聋，被赶出校门。但他并不像平常人一样放弃自己，而是自己自学，最终成就了不凡的业绩。德国诗人海涅生前最后8年是躺在“被褥的坟墓”中度过的，他手足不能动弹，眼睛半瞎，但他并不像寻常人一样自暴自弃，依旧放出生命之光，海涅吟出了大量誉满人间的优秀诗篇。齐奥尔科夫斯基不走寻常路，终成科学家。海涅不走寻常路，终成诗人。因此，在人生路上，不走寻常路，是发自内心的觉醒。

哈佛人告诉我们，一个富有战斗力的人生需要面对永无止境的选择，在这些选择中走一条不寻常的路。不要因一时的美丽而逗留，也不要因自己的平凡而低头，我们不走寻常路，因这不寻常的路而笑对苍天。

◎哈佛考考你

有三个人去住旅馆，要三间房，每一间房10美元，于是他们一共付给老板30美元，第二天，老板觉得三间房只需要25美元就够了，于是叫小弟退回5美元给三位客人，谁知小弟贪心，只退回每人1美元，自己偷偷拿了2美元，这样一来便等于那三位客人每人各花了9美元，于是三个人一共花了27美元，再加上小弟独吞了的2美元，总共是29美元。可是当初他们三个人一共付出30美元，那么还有1美元呢?

◎答案

“三个人一共花了27美元，再加上小弟独吞了的2美元，总共是29美元”这句话是错误的。其实小弟独吞的2美元已经包括在27美元中了，三个人一共花了27+3=30美元，并不是所谓的29美元。

不知足—追求完美才能更优秀

很多学者都在研究哈佛的教育模式和成功经验，最终，他们得出了这样一个结论：在哈佛，每个学生都具有“不知足”的精神。每个学生都知道，只有不知足才能有追求，有追求才能上进，不知足可以激发人不断向前、不断奋斗的斗志。这种永不知足的精神，成为哈佛人的宝贵财富，造就了一批又一批的政治家、科学家和工商管理精英。

哈佛人认为，“不知足”是一个人正在快速成长的一个标志。从另外一个层面上解读，不知足，就是为了做得更好，是一种不断进取的、精益求精的姿态。这种姿态，不单单适用于学术领域，我们个人的成长、商业的发展、社会体制的完善，都需要一种“不知足”的进取和求精的态度。

苏联作家高尔基说：“一个人追求的目标越高，他的才力就发展得越快，对社会就越有益。”一个不断进取的人在学习上、生活上永不知足，才能不断前进，取得成就。人生需要激情，人生需要奋进，拥有一颗不知足、追求完美的心，才能让自己变得更优秀。

在西方的哲学史上有一个有趣的小故事，说维特根斯坦是大哲学家摩尔的学生。有一天，大哲学家罗素跑来问摩尔：“你这么多学生，哪个是最好的呢？”摩尔不假思索地回答说：“维特根斯坦。”“为什么？”罗素问。摩尔答：“因为在所有的学生中，只有维特根斯坦在听课时，总是流露出困惑的神色，并总有一堆的问题。”

历史的发展正如摩尔所说，维特根斯坦很快成长为一位年轻且声誉日隆的学者，其名气甚至超过了罗素。于是，又有人问维特根斯坦："罗素为什么落伍了？"维特根斯坦的回答是："因为他没有了问题。"

人就要有一种不知足的精神。不知足，才有所得。有的人私欲浓厚，永不知足，处处伸手，是贪心不足。但是，我们所说的不知足，是人人都要有一颗上进心，为事业、为爱好、为自己的追求，永不知足。

作为青少年朋友，如果想要在未来成为一个优秀的人，首先得有一颗不知足的心，然后跟随着内心，不断地去探索、满足它，在我们每一次满足那颗不知足的心的时候，我们就已经在进步，在向成功迈进了。

◎哈佛考考你

你有不知足的进取心吗？

饿肚子是一件令人难受的事情。今天中午放学，你不幸遇上大塞车，没有吃上午饭。回到家时，你已经是饥肠辘辘了。更可悲的是，你的爸爸妈妈今天要请客人到家里吃饭，而客人又还没到。一向受严谨家教管束的你，当然不敢先开动。这时的你，应该怎么办呢？到底是肚子问题重要，还是面子重要呢？

A.即使会饿死，也执意等下去

B.先找些零食、泡面什么的，垫垫肚子

C.婉转地告诉爸爸妈妈你饿了

D.饿死人不偿命，管他三七二十一，赶快去吃点好的

◎答案分析

选择A：酷，你真是酷！倔强得可以，标准的死要面子！告诉你，你若是将这股狠劲发挥到工作上，你就是那个前途不可限量之人呢！

选择B：有很强的竞争心，做事常常会因为太过冲动而失控。

选择C：真是羡慕你啊，不经过大脑思考，任何事都敢去做。只要你想做，世上是没有人能阻挡得了你的计划。

选择D：你这个人啊，真是可爱到家了，做坏事也要拖人下水。然而由于你的能言善道，的确也有好些人无法拒绝你。更由于你有绝佳的细密心思，做事不会瞻前不顾后，所以你的人缘通常都是不错的。

不留恋过去，时刻保持一颗归零的心

哈佛大学的校长来中国访问的时候，讲了一段自己的亲身经历：

那一年，他向学校请了3个月的假，然后只身一人去了美国南部的一个农村。他没有告诉家人要去什么地方，只是每个星期给家里打个电话，报个平安。

他抛弃了以往的所有荣耀，尝试着过另一种全新的生活。在偏僻的农村，他到农场去打工，去饭店刷盘子。在田地做工时，他会背着老板吸支烟，或和自己的工友偷偷说几句话，这些都让他感到有一种前所未有的愉悦。最有趣的一件事情是，他在一家餐厅找到一份刷盘子的工作，可是只干了几个小时，老板就把他叫去，要跟他结账。老板很不客气地对他说："可怜的老头，你刷盘子太慢了，你被解雇了。"

这个"可怜的老头"只能重新回到哈佛，回到那个再熟悉不过的工作环境，然而这时他却感觉以往那些熟悉的东西都变得新鲜有趣起来，工作简直成为一种全新的享受。那3个月的经历让这个"可怜的老头"感觉新鲜而有趣。更重要的是，这种原始的状态会不自觉地清理了原来心中积攒多年的"垃圾"，让这个老头的生活重新焕发出勃勃的生机。

不留恋过去，就是时刻保持一颗归零的心，就是把自己心灵里的一切清空，把已经拥有的一切剥除，一切归于零的心态。荣耀与成功仅代表过去，如果一个人沉迷于以往成功的回忆，那就永远不能进步。要想不断进步，就要拥有归零的心态。归零的心态就是空杯、谦虚的心态，就是重新开始。正如人们所说的，第一次成功相对比较容易，第二次却不容易了，原因是不能归零。只有把成功忘掉，心态归零，才能面对新的挑战。拥有一种归零的心态，自己的每一天都是一个起点，每一天都有一种崭新的心态。学习新知识，接触新事物，保持归零的心态，才能不断发展，创造新的辉煌。

荣誉是一个人的资本，一个人的成绩，可是如果对过去的荣耀死守不放的话，我们就可能没有更大的成就。所以我们不妨选择放下，放下那些曾经的辉煌和荣耀，再轻装上路，不断地超越自己。归零的心态，意味着珍惜今天，走好脚下的路，审视自己，反思自己，塑造崭新的自我；归零的心态，意味着面对明天一切从零开始，新的起点，新的希望，等待着新的收获；归零的心态，意味着不要让昨天的烦恼和失败成为自己前进的包袱，大胆地抛开阻力，迎接新一轮的挑战；归零的心态，意味着松绑自己，以快乐的心情来生活，勇敢地迎接新一轮的曙光……总之，我们应该时刻保持一颗归零的心，只有让自己每天都从零开始，后面的生活才会更加辉煌、更加精彩。

◎哈佛考考你

有一个山涧4米宽，下面是万丈深渊。山涧上没有桥，来往的人都是带着木板过桥。有一次，一个人带了3.9米长的木板要过去，另一人带了3.1米长的木板要过来，两个人的木板都太短了，搭不了桥。请问他们应该用什么方法才能过山涧呢?

◎答案

一个人可以把木板向山涧的另一端伸出一部分，并站在木板的一端压住。另一人可以把木板搭在自己的一方与对方的木板之间，就可以从容过山涧了。然后过了山涧的人压住木板，让对方再过去。

第九章

从哈佛毕业，所有学生都会带上这些品质离开

热忱——哈佛学子成功的第一秘诀

哈佛大学教授威廉·詹姆斯说："热忱可以改变一个人对他人、对工作、对社会及对全世界的态度。热忱使一个人更加热爱生活。当你学会热忱，学会对自己的学习拥有热情，这样在构建成功大厦的时候，你才会打牢自己的地基。"的确，热忱是出自内心的兴奋，散发、充满到整个的人。正如哈佛毕业生爱默生所说："有史以来，没有任何一件伟大的事业不是因为热忱而成功的。"

一个热忱的人，无论是在学习还是生活中，都会认为这是自己的神圣天职，并怀着浓厚的兴趣去做。不论工作多困难，或需要多大的努力，都会始终如一、不急不躁地去做。而一个人如果能这样坚持去做，就会成功，达到自己的目标。

不管是工作、生活还是其他的追求，只要具备热忱的心态，就能取得一定的成就。因为拥有这种心态的人，会热爱他正在干的事，并从中收获很多的乐趣，那件事对他而言不是一件不得不完成的任务，而是一种享受。

确实，热忱是一股强大的力量，它可以迅速补充你身体的精力和能力，并迸发一种达不成目标死不休的坚强意志。成功学大师卡耐基说："所谓天才只不过是因为具有大量的热忱。一个人成功的因素很多，热忱才是最大的动力。"美国中央铁路公司总经理佛瑞德瑞克·魏廉生也说："我愈老愈相信热忱是成功的秘诀。成功的人和失败的人在技术、能力和智慧上的差别通常并不很大，但是如果两个方面都差不多，具有热忱的人将更能得偿所愿。一个人能力不足，但是具有热忱，通常必会胜过能力很强但是欠缺热忱的人。"

哈佛毕业生卡塞尔在加州一家电子销售公司找到了一份业务员的工作。按照公司历来的做法：公司会交给卡塞尔一份很难缠的潜力客户名单。其中有一家公司是以前的大客户，但是却在多年前断绝往来了。

卡塞尔决定把跟这家公司的合作，当作自己人生中的一项挑战。这表示卡塞尔得先说服老板，让老板相信他可以把这家公司扳回来。起初老板是不太肯定的，但不想泼卡塞尔的冷水，于是允许他去拜访那家客户。这令卡塞尔喜出望外。

卡塞尔信心满满，把赢回这家客户当作自己的使命来完成。他向那家公司提供了保证价，缩短交货期，并允诺更好的服务。他向那家公司的采购处处长表示："我们公司将会做一切令你们满意的事。"

当卡塞尔第一次与采购处处长面对面地谈话时，他的热忱就起了很重要的作用。他面带微笑地走进会客室，并说道："很高兴能再回来，让我们一起来共同合作。"

卡塞尔从来没有想过他可能无法成交，他完全忽略他的公司已经丢掉了这个客户的事实。他以最高昂、热忱的态度说服他的客户，并且承诺说："我们公司已经做好了全面的准备，很高兴可以再次为你们服务。"

后来，采购处处长告诉卡塞尔的老板，他们考虑再次合作的唯一理由就是因为卡塞尔的热忱。后来，他们的订单一年就有50万美元的余额，这让卡塞尔成为公司的精英人才。

"热忱比怨恨更得人心"这句在哈佛校园流行已久的格言几乎被每一个哈佛学子牢记。这不是一句单纯而美丽的话语，而是迈向成功之路的路标。热忱并不是一个空洞的名词，它是一种重要的力量，你可以予以利用，使自己获得好处。没有了它，你就像一节已经没有电的电池。热忱也是人的才能中最重要的一个因素。要想获得成功的青睐，你必须拥有将梦想转化为现实的热忱和冲劲。只有这样，你才能使自己的才能获得巨大的发展，进而把事情做好。如果青少年朋友能够将热忱和学习、生活结合在一起，无论做什么都充满热忱，那么离成功也就不远了。

◎哈佛考考你

某城市发生了一起汽车撞人逃跑事件。该城市只有两种颜色的车,蓝色15%，绿色85%。事发时有一个人在现场看见了，他指证是蓝车。但是根据专家在现场分析,当时那种条件能看正确的可能性是80%。那么,肇事的车是蓝车的概率到底是多少?

◎答案

$15\% \times 80\% / (85\% \times 20\% + 15\% \times 80\%) = 41\%$

专注——成功者和失败者之间最大的差别

哈佛大学第22任校长洛厄尔受邀到一所大学演讲时说过：“每个受过教育的人都应该对什么事物都懂一点，但对个别事物懂得很多。”我们经常能在屋檐下的石阶上看到一行小坑。这些小坑并不是人为凿出来的，而是因为屋檐头上的水滴下来，而且总是滴在同一个地方，长年累月的敲打形成的。这在心理学上被称为“滴水效应”，意思是说，只要目标专一而不三心二意，持之以恒而不半途而废，就一定能够实现我们美好的理想。

成功说来也很容易，但为什么真正的成功者却寥寥无几呢？这是因为缺乏专注。其实每一个人都是天才，每一个人都可以考取很好的成绩，为什么现实生活中不是这样呢？就是因为很多青少年缺乏专注的精神，不屑、更不懂的把简单的事做好。只有专注，才能成功，我们看看那些世界知名的企业，它们无一不是因为专注而闻名世界的，像英特尔只生产处理器，可口可乐只生产饮料，IBM只做电脑硬件等。

奥利弗和马修是很好的朋友，两个人刚刚大学毕业。奥利弗喜欢自己所学的医学专业，但是因为他毕业的学校并不是名牌大学，他投到各大医院的简历都如石沉大海。后来，一个小县城的医院让他去面试，并且通过了，于是奥利弗就在那家医院里开始了自己的职业生涯——给一个中年医生担任助手。但是他始终都没有忘记自己的梦想是成为一个救死扶伤的名医，所以他一边工作一边继续学习。

马修是在家人的建议下才学医的，但是他本人并不喜欢这一行，所以大学期间马修并没有认真学习专业课。毕业后，他也从社会的最底层做起，找了一份小区物业主管的工作，成天喝茶看报，工资也不是很高。做了一段时间他觉得没有意思，于是换了一份医药推销工作，但是时间一长他又觉得工作太累，工资也不高，于是又跳槽去了一家通信器材公司做柜台销售……在不到六年的时间里，马修跳来跳去地换了不下20次工作，而其劳动所得刚好够养活自己而已。

在一次大学同学聚会上，奥利弗和马修相见了，马修主动问奥利弗混得怎么样，奥利弗谦逊地回答道："一般一般。"然而，听了奥利弗说他自己的经历，马修却傻眼了。

当年在小县城里给医生当助手的奥利弗，因为勤奋肯学，不久就被任为住院医生，不久之前又被评为主治医生，而他用这些年来的积蓄在市区购买了一套十分不错的房子。

将奥利弗和马修进行一番对比，我们就不难找到专注的好处：以不断学习为前提，它可以让一个人在自己所从事的那个领域里变得更加优秀。

每个人都希望自己的一生能有所作为，而专注是成功者和失败者之间最大的差别。为什么这样说呢？我们先来做一个小实验。你将一张纸放在夏日的太阳光下，晒一整天，你会发现除了显得有些皱，纸并没有发生别的任何变化；第二天，你再拿一个放大镜放在纸的上方，使放大镜下的那个最亮的光点落在纸上，不一会儿，你会发现光点处的纸开始冒烟，并且逐渐燃烧起来。将所有的能量聚集在一点上，就能够产生几倍于甚至是十几倍于平常的能量，而专注者之所以成功也是这个道理。

美国密歇根大学研究心理学和神经学的科学家也发现，人的大脑只有在持续不间断地处理一件事情的时候才能发挥最佳功能，只有专注地去做一件事情才能取得最佳的效果。专注于某一件事情，哪怕它很小，努力做到最好，总会有不寻常的收获。所以青少年应该明白：一个人如果想成就一番事业就必须专注，只有专注于一项事业，才能做出成绩。生活中最明智的事情就是精神集中，最坏的事情就是精神涣散，用心不专。一个用心不专的人，即便聪明绝顶，最终也可能是一事无成。

贝多芬说："涓滴之水终可磨损大石，不是由于它力量最强大，而是由于昼夜不舍的滴坠。”是的，蜗牛虽然爬得很慢，但它永不停歇，所以它也能像鹰一样登上金字塔的顶端；蚂蚁的力气不大，但它一点一点地挪动，也能把比它体重大得多的食物搬回家……青少年应该明白，一个人的精力是有限的，如果将有限的精力同时分散在好几件事情上，就有可能一事无成，既浪费时间又浪费精力。所以，想成大事者就不能把精力同时集中于几件事上，只能专注于其中之一。只有专注，才能将手头的工作做得最好。

◎哈佛考考你

一个教授逻辑学的教授，有三个学生，且这三个学生都非常聪明。一天教授给他们出了一道题，教授在每个人脑门上贴了一张纸条并告诉他们，每个人的纸条上都写了一个正整数，且某两个数的和等于第三个。（每个人可以看见其他两人头上的数，但看不见自己头上的）教授问第一个学生：你能猜出自己的数吗？得到的答案是：不能。问第二个，还是不能。第三个，同样是不能。于是教授再次问了一遍，第一个和第二个还是说“不能”，而第三个却说：“我猜出来了，是144。”教授很满意地笑了。请问你能猜出另外两个人的数吗？

◎答案

36，108。分析如下：假设三人依次为A、B、C，至于A、B谁是108，谁是36，这个无所谓。那我们就假设A＝108，B＝36，C＝144。第一次：A猜：自己可能是108或者180；B猜：自己可能是36或者252；C猜：自己可能是72或者144。第二次：A猜不知道，B也猜不知道，那么C说，知道了自己是144。由此可见，他肯定是排除了自己是72这种可能性，所以才说是144，那么，他是怎么否定自己不是72的呢？C在想，如果自己是72，那么，第一次猜的结果应该是：A以为自己是108或者36；B以为自己是36或者180。但是第一次问答结束的时候，C也没有答出自己的数，那么，在第二次循环问话的时候，A应该知道自己是108了（因为，如果自己是36，那么C第一次就该知道36－36＝0是不可能的，所以自己不是36而是108），但遗憾A并没能说出自己的数字，B当然也不能说出自己的数字，据此C就排除了自己是72的可能性，所以自己只能是144了。

责任——敢于担当才能成就大事

2006年9月12日，哈佛大学对外宣布，他们将从2008年秋季开始取消实行了30年的“提前录取”政策，因为这样更有利于招收贫困生和少数族裔学生。他们还呼吁其他大学也采取改革措施。

哈佛大学用实际行动为我们做出了很好的榜样。从大的方面说，哈佛在履行教书育人责任的同时，也认真履行社会责任标准。从小的方面讲，哈佛大学勇于纠正自己的责任不良和教育不良的做法，也给身处其中的哈佛学子们潜移默化的影响，使他们明白：责任，是一种天赋的使命！

每个人来到这个世上，都需要承担责任，没有责任感的人生是空虚的，不敢承担责任的人生是脆弱的。在社会生活中，个人的行为总会对社会和他人产生直接或间接影响，因而人的行为必须对他人或社会负责，必须按一定的社会规范去行动。如果人与人之间互不负责，互不尽义务，社会就不称其为社会了。

当一个人完满地尽到自己的责任时，会产生满意的、愉快的情感；如果没有尽到自己的责任，会深感不安和内疚。可以说，有了责任心，个人的价值才能得到充分、合理的体现。

1957年诺贝尔文学奖的获得者阿贝尔·加缪出生在一个贫苦的家庭。在他很小的时候，父亲就去世了。小加缪只能与母亲相依为命，日子过得很清贫。不过，为了不让儿子在同伴中感到自卑，在小加缪到了上学年龄时，妈妈还是毫不犹豫地把他送到了学校。

懂事的小加缪发现，因为自己上学又增加了学费和其他一些花销，妈妈肩上的担子更重了。妈妈每天都努力地工作，由于经常熬夜，才三十几岁的人，脸上就已经爬满了皱纹。懂事的小加缪看在眼里，疼在心里。

有一天晚上，小加缪又伏在那盏小煤油灯下复习功课。写完作业之后，他看见妈妈还在忙碌，自己又帮不上忙，就早早地上床睡觉了。半夜里，小加缪忽然被一阵咳嗽声惊醒了，睁开眼睛一看，妈妈还没有睡，她正借着微弱的灯光缝补衣服呢。小加缪再也忍不住了，他一骨碌从被子里爬起来："……妈妈，我以后再也不能让你这么辛苦了，你看，我已经长大了，是个小男子汉了，我想出去找点活儿干，减轻一下家里的负担。"

儿子善解人意的话，让妈妈的眼睛湿润了。妈妈把小加缪紧紧地搂在怀里，泪水顺着面颊流了下来。

看见妈妈流下眼泪，小加缪有些不知所措："妈妈，难道我说错了吗？你为什么哭了？"

"好孩子，你没有说错。可是你现在还太小了，妈妈怎么舍得让你去干活儿呢？你现在需要的是好好学习，只有等你长大了，才能帮助妈妈减轻负担呀。"妈妈抚摸着小加缪的头轻轻地说。

听了妈妈的话，小加缪认真地点了点头，从那以后，他学习更认真了。但是，无论妈妈怎么努力，他们家的生活还是越来越困难。读完小学以后，在小加缪的一再央求下，妈妈终于同意了他的要求，让他去做些事情，帮助家里减轻负担，但前提是不能耽误自己的学习。

从那以后，小加缪一边读书，一边劳动。一开始，他找到了一份扫大街的工作。这对小加缪来说，无疑是份苦差事，因为他每天不仅需要很早起床，还要拿着几乎跟他一样高的扫帚去扫大街，人小，扫的地方又大，小加缪常常累得满头大汗。为了给妈妈减轻负担，小加缪努力着坚持过来了。后来，小加缪又到一个饭馆里去洗碗。这个工作和扫大街的工作比起来更辛苦，小加缪和几个小伙计每天都拼命干活，还常常不能按时洗完那些小山一样高的碗碟。

艰难的生活让小加缪经受了磨炼，也养成了他刻苦勤奋的优良品质。后来，他通过自己的不懈努力，考取了大学，并最终获得了诺贝尔文学奖，成为举世瞩目的大文学家。

小加缪的故事让我们明白：责任是一个人成长的动力。对家人、对朋友、对国家的责任都可以成为我们奋斗的动力。成功的人不仅承担责任，他们还希望增加责任，以便激发更多的能力。事实上，你承担的责任越多，你处理事情的能力就越强。一个人的能力是用不完的。你也许会用完时间，但是你不会用完能力，能力是越用越多的，如同智慧一样。不要躲避任何发挥自己能力的机会。承担责任、抓住机会，因为这会增加你的能力。

有责任心敢于担当的青少年，敢于披荆斩棘，勇往直前；有责任心敢于担当的青少年，即使面对失败和挫折，也会直面困难，重新站起来；有责任心敢于担当的青少年，注定会成就一番大事。责任心还是一种舍己为人的态度，有了责任心，愿意为别人赴汤蹈火，愿意为他人两肋插刀。从小就有责任心的青少年，长大后才能够有担当，顶天立地，成就自己。

◎哈佛考考你

S先生、P先生、Q先生他们知道桌子的抽屉里有16张扑克牌：红桃A、Q、4，黑桃J、8、4、2、7、3，梅花K、Q、5、4、6，方块A、5。约翰教授从这16张牌中挑出一张牌来，并把这张牌的点数告诉P先生，把这张牌的花色告诉Q先生。这时，约翰教授问P先生和Q先生：你们能从已知的点数或花色中推知这张牌是什么牌吗？于是，S先生听到如下的对话：P先生：我不知道这张牌。Q先生：我知道你不知道这张牌。P先生：现在我知道这张牌了。Q先生：我也知道了。听罢以上的对话，S先生想了一想之后，就正确地推出这张牌是什么牌。请问：这张牌是什么牌？

◎答案

方块5。分析如下：由“P先生：我不知道这张牌”可知，此牌必有两种或两种以上花色，即可能是A、Q、4、5。由第二句话“Q先生：我知道你不知道这张牌”可知，此花色牌的点数只能包括A、Q、4、5，符合此条件的只有红桃和方块。Q先生知道此牌花色，只有红桃和方块花色包括A、Q、4、5，Q先生才能作此断言。由第三句话“P先生：现在我知道这张牌了”可知，P先生通过“Q先生：我知道你不知道这张牌”判断出花色为红桃和方块，P先生又知道这张牌的点数，P先生便知道这张牌。据此，排除A，此牌可能是Q、4、5。如果此牌点数为A，P先生还是无法判断。由第四句话“Q先生：我也知道了”可知，花色只能是方块。如果是红桃，Q先生在排除A后，还是无法判断是Q还是4。综上所述，这张牌只能是方块5。

自律——只有强者才能做到遵纪自律

1986年，哈佛大学建校350周年，校方准备将校庆与毕业典礼同时举行，并邀请当时的美国总统里根参加盛典并讲话。此前在哈佛大学300周年校庆时，罗斯福总统参加过庆典。这次邀请里根总统出席，也是为学校争辉的事情，但没想到里根总统提出了一个要求，希望哈佛授予他荣誉博士学位。

或许在很多大学看来，这只是一件小事，但哈佛一直以来都坚持以学术水平为唯一标准来聘任教授和授予荣誉学位称号。为了大学学术声誉的尊严，哈佛大学的董事会、校长、教授会断然拒绝了里根总统的要求，里根也因此没有参加哈佛的350周年校庆活动。

在政治化、商业化的熏染下，哈佛大学以其高度的自律精神，坚守了自身的原则，也更显出了其伟大。哈佛教育学生，在社会生活中，不管干什么，都要坚守自己的原则。如果一个人不能自律，那就是一种软弱的表现。

自律是自己管理自己、自己尊重自己、自己塑造自己。一个能自我管理的人，是一个成熟的人，是一个为自己负责任的人。一个人要成就大的事业，就不能随心所欲、感情用事，对自己的言行应有所克制，这样才能使自己的错误、缺点得到抑制，不致铸成大错。高尔基说："哪怕是对自己的一点小小的克制，也会使人变得强而有力。"一个人要想成为能够主宰自己命运的强者，成就一番事业，就必须对自己有所约束、有所克制。

哈佛学子约翰·肯尼迪也曾经说过："一个连自己都控制不了的人，我们的民众会放心把我们的国家都交给他吗？”一个人要想征服世界，首先要战胜自己。天底下最难的事莫过于驾驭自己，因为我们每个人心中永远存在着理智与感情的斗争。你应该有战胜自己的感情，培养控制自己命运的能力。如果任凭感情支配自己的行动，就会使自己成为感情的奴隶。

有一个叫比尔的间谍被敌军捉住以后，他立刻装聋作哑。任凭对方用怎样的方法诱问他，他都绝不为威胁、诱骗的话语所动。最后，审问的人也许故意和气地对比尔说：“好吧，看起来我从你这里问不出任何东西，你可以走了。”这时，比尔会怎样做呢？很多青少年朋友一定以为他会立刻带着微笑，转身走开。然而事实并非如此。

作为一个很有经验的间谍，比尔知道只要他一跨步，就意味着他会暴露自己的身份，死亡的危险马上就会降临。所以比尔依旧呆立着不动，仿佛他对于那个审问者的命令，完全不曾听懂似的。

原来，审问者是想以释放他来观察他的聋哑是否真实。因为一个人在获得自由的时候，常常会抑制不住内心的激动，从而暴露自己隐瞒的事实。但是比尔听了审问者的话依然毫无动静，仿佛审问还在进行，审问者终于相信他确实是个残疾人，说：“这个人如果不是聋哑的残废者，那一定是个疯子了！放他出去吧！”就这样，比尔以他特有的自制力使自己免遭了一劫。

一个善于自律的人，即使处在危险和紧张状态时，也不会轻易为激情和冲动所支配，不意气用事，能够保持镇定，克制内心的恐惧和紧张，做到临危不惧，忙而不乱。如果我们没有自我控制的能力，就会缺乏忍耐精神，既不能管理自己，也不能驾驭别人。

著名的成功学大师拿破仑·希尔也曾提出这样一个真理：如果一个愤怒的人开始辱骂、嘲笑你，不管是不是公正，你都必须记住，如果你抱着以其人之道还治其人之身的心理去报复对方，那么，你的心理就会由对方控制，也就意味着对方控制了你。但是如果你是一个有着自律心态的人，在辱骂和嘲笑面前保持冷静与沉着，那么，你依旧维持着正常的情绪，保持着应有的理智，对方会惊讶地发现，你用来对付他的武器是他所不熟悉的，因此，你很轻易地就能控制了他，也比对方更容易成功。

追求自由是青少年的天性，但是，这并不意味着就能随心所欲，过度的放纵只会毁了自己。如果青少年朋友想为自己的人生画卷描绘美丽的图案，则有必要学会在大小事上进行自我控制。你必须学会容忍和控制，感情必须服从于理性判断。这样，你才有可能获得成功。

◎哈佛考考你

一楼到十楼的每层电梯门口都放着一颗钻石，钻石大小不一。你乘坐电梯从一楼到十楼，每层楼电梯门都会打开一次，每到一层楼只能拿一次钻石，即保持手里只能有一颗钻石，问怎样才能拿到最大的一颗？

◎答案

先拿着第一楼的钻石，然后在每层楼把手中的钻石与那层楼的钻石相比较，如果那层楼的钻石比手中的钻石大的话，那就把手中的钻石换成那层楼的钻石。

诚信——169个儿子来认爹

哈佛学子爱默生曾说：“诚实的人必须对自己守信，他的最后靠山就是真诚。”在哈佛，每一个学生都懂得，诚信是一个人的立身之本，是一切美德和能力的基础，如果失去了诚信，将失去一切。

多年以前，美国纽约的“红心慈善协会”在为一家孤儿院新建房子的时候，意外地挖到了一座坟墓。为了找到死者家属来商量迁坟事宜，他们在报纸上刊登启事，并且以5万美元作为补偿。

有一位叫作爱德华的青年人在看到这个消息之后，不由得怦然心动。他的家就曾在那片土地上，父亲也确实死去了，但不是葬在那里，就差了一点点，爱德华忍不住想，这座坟墓既然没有人认领，自己可不可以冒充一回孝子，做一回儿子呢？如果能够得到5万美元，那该是一件多么美好的事情啊！爱德华为自己的想法而激动。不过启事上说得很明白：要去认领，得拿出相关的证明。

于是爱德华绞尽脑汁，去旧货市场买了一张三十年前的旧发票，让人在旧发票上盖了一个章，作为自己认爹的“相关证明”。

当爱德华喜出望外地来到那家慈善机构，一位接待小姐却告诉他，他是第169位来认父亲的儿子。说得明白点，现在已经有169位儿子来认爹了，他们要一一审查，确认谁是其中的真儿子。

爱德华好像当头挨了一棒，傻傻地站在那里不知道如何是好。他怎么也没有想到，会有这么多和他一样财迷心窍，想认爹的人。

当时的美国社会都在经受着一场信任与诚实的危机，人们对诚信的呼声日渐高涨。事情被一家媒体报道，将这169位认爹的人的姓名刊登在报纸上，告诉人们，人再贪财，爹是不能乱认的。这时对坟墓尸骨的鉴定也出来了，令人惊奇的是，这169位儿子都是假的。坟墓里的尸体已经有160年了，死者的儿子不可能还健在。事情让人哗然。

面对如此的闹剧，美国全国上下深受震动。各界人士纷纷站出来讲话，呼吁诚信，提倡道德，重整人心，号召人们一定要做一个诚实的人，一定要用自己的劳动创造自己的未来。

经过那次事件，爱德华也感到无地自容，非常惭愧。他将那份报纸珍藏起来，金子似的保存着，以警示自己，一定要做一个诚实可信的人。10年后，爱德华成了全美通信器材界的巨子，当有人问他创业成功的秘诀时，爱德华坚定而感慨地说："诚实，是诚实帮助了我，它使我懂得了如何做人、如何待人并使我有了事业。一个诚实可信的人，虽然会被人欺骗，常常吃亏，但最终会赢得信誉，受人爱戴，并获得成功。"

都说诚实是一笔看不见的财富，只有当我们需要时，它才会像银行的取款机一样源源不断地提供我们的所需。也许我们会发现，同样的一件小事情，让一个诚实守信的人去办和让一个不守信的人去做，结果迥异。这就是来源于人们对于诚信的尊重与信任。如果青少年希望自己成为一个有所作为的人，千万别忘了提醒自己做一个信守诺言的人，否则将无法走上成功的道路。

◎哈佛考考你

有一只猴子在树林里采了100根香蕉堆成一堆，猴子家离香蕉堆50米，猴子打算把香蕉背回家，每次最多能背50根，可是猴子嘴馋，每向家方向走1米要吃一根香蕉，问猴子最多能背回家几根香蕉？

◎**答案**

25根。先背50根到25米处，这时吃了25根，还有25根，放下。回头再背剩下的50根，走到25米处时，又吃了25根，还有25根。再拿起地上的25根，一共50根，继续往家走，一共25米，吃了25根，还剩下25根。

尊重——尊重他人是对自己最大的爱护

在哈佛的学子看来，尊重他人是对自己最大的爱护。一个不尊重他人的人，也绝不会得到别人的尊重。凡事将心比心，不仅要为自己想，也要为别人着想；你有自尊，人家也有；你尊重别人、爱护别人，别人才会尊重你、爱护你。

尊重他人，是一个人走向文明的起点，也是做人的基本美德。一切不文明的行为都是不尊重他人的表现。也许你曾遇见过或者听说过，有人问路时言语不礼貌，人家就会不理睬，甚至故意错指方向让他吃苦头；和人家一起办事情，如果傲慢无礼，人家就不会合作。我们每个人都有自尊心，都希望别人友好地对待自己，尊重自己，因此，尊重他人是人与人接近的必要且首要的态度。一个不懂得尊重别人的人当然也不会赢得别人的尊重。

在美国印第安保护区有一个原始的部落，当地流传着一种特别的风俗，就是男女老少聚在一起活动的时候，必须赤身裸体。这个特别的风俗让他们饱受外人的白眼与嘲笑，但即使如此，他们仍然不愿做出任何的改变。

有一年，这个原始部落发生瘟疫，全部的族人几乎都被感染。于是他们决定到邻近的城镇里，邀请一位当地的医生前来帮助他们治病。然而这位医生一想到他们的传统，便感到相当为难，但是，看着跪在地上的求助者，医生的使命感与责任感不断地被激起，最终他还是勉强地答应了。为了迎接医生的到来，原始部落的族人们紧急开会，决定为了尊重这位医生，他们破例穿上衣服。所以，这天所有人都穿上了特别的衣服，有的人甚至打上了领带，聚集在教堂里，等待医生的到来。悠扬的钟声响起，医生缓缓地走了进来，然而眼前的情景，却让在场的每一个人都愣住了，这也包括医生本人。因为，医生背着沉重的医疗器材走进来时，身上居然一丝不挂。

故事里的原住民与老医生，心中都默默地牢记着尊重别人，也自然而然地行动了。而我们也可以相信，从此，老医生与这个部落将会相互尊重相互影响，而且不管有什么样的变化，都会是最好的转变。

尊重他人是给自己的礼遇，尊重他人也就是尊重自己。一个不尊重别人的人，是绝不会得到别人尊重的。在人与人的交往中，自己待人的态度往往决定了别人对己的态度，就像一个人站在镜子前笑得前俯后仰，镜子里的人也会如此大笑；你紧皱眉头，镜子里的人也眉心紧锁；你对着镜子龇牙咧嘴，镜子里的人也冲你龇牙咧嘴。所以，我们要获取他人的好感和尊重，首先必须得尊重他人。

尊重他人是人际交往的第一原则，也是一种美德。生活中我们时时刻刻都要学会尊重。回到家时与父母长辈打声招呼是一种起码的尊重；上课专心听讲、按时完成作业是对老师辛勤劳动的尊重；在食堂就餐后，把椅子、餐具放好是对食堂师傅的尊重；在寝室按时睡觉是对其他同学的尊重；见到杂物捡起来，保持校园环境的干净，是对清洁工劳动成果的尊重；对职位高者不卑躬屈膝是对自己人格的尊重；对职位低者不嗤之以鼻是对他人人格的尊重……

总之，尊重需要我们从小事做起，从身边事做起。在日常生活中我们要学会尊重别人，才能够赢得尊重。

◎哈佛考考你

假设在桌上有三个密封的盒，一个盒中有2枚银币（1银币=10便士），一个盒中有2枚镍币（1镍币=5便士），还有一个盒中有1枚银币和1枚镍币。这些盒子被标上10便士、15便士和20便士，但每个标签都是错误的。现允许你从一个盒中拿出1枚硬币放在盒前，看到这枚硬币，你能否说出每个盒内装的东西呢?

◎答案

取出标着15便士的盒中的一个硬币，如果是银的说明这个盒是20便士的，如果是镍的说明这个盒是10便士的，再由每个盒的标签都是错误的可以推出其他两个盒里的东西。

细节——差距，往往在那些不起眼的地方

哈佛大学的学生常被这样教导：那些一心想做大事的人，常常对小事嗤之以鼻、不屑一顾。其实大事都是由小事组成，连小事都做不好的人，大事是很难成功的。哈佛教授西奥多·莱维特说："魔鬼藏于细节，一个个细节组合起来的能量能摧毁一切。"

在英国，流传有一首民谣：丢失了一个钉子，坏了一只蹄铁；坏了一只蹄铁，折了一匹战马；折了一匹战马，伤了一位骑士；伤了一位骑士，输了一场战斗；输了一场战斗，亡了一个帝国。古语也常说："千里之堤，溃于蚁穴。"一个没有注意到的细节可能引起矛盾，一个被忽视的小问题就有可能导致危机，每一个大问题都是由一系列的小问题构成的。所以青少年应该学会把握细节，一个看不到细节，或不把细节当回事的人，是难以成就一番事业的。

生活的一切原本都是由细节构成的，如果一切归于有序，那么决定失败的必将是微若沙砾的细节，正如柏拉图所说："如果没有小石头，大石头也不会稳稳当当地矗立着。"只要你能做好每一件简单的小事，你就不简单；只要你能做好每一件平凡的事，你就不平凡。

青少年爱追求完美，明知完美不可企及仍然苦苦追求，而完美在哪里呢？它就隐匿于不为你察觉的细节中，就在你没有察觉的过程中，完美从你的身旁悄悄溜走了。实际上，不仅完美藏于细节，有时你的命运也会被一个小小的细节掌控。

在一家国际酒店的众多面试者中，老板选中了一位年轻人负责这家酒店的管理工作。

事后，一位经理很疑惑地问老板："我很想知道，您为什么会喜欢那个年轻人，他既没带一封介绍信，也没任何人推荐。"

老板喝了一口茶，微笑着对经理说："我早就注意到了他。他在门口蹭掉鞋上的土，进门时随手关上了门，说明他做事小心仔细；当看到那位残疾老人时，他立即起身让座，表明他心地善良、体贴别人；进了办公室，他先脱去帽子，回答我提出的问题干脆果断，证明他既懂礼貌又有教养。"

"其他所有的人都从我故意放在地板上的那本书上迈过去，而这个青年却俯身拾起那本书，并放在桌上。当我和他交谈时，我发现他衣着整洁，头发梳得整整齐齐，指甲修得干干净净。难道你不认为这些足以说服我让他做酒店的管理者吗？"

哈佛精神告诉我们：什么是不简单，就是做好每一件简单的事情；什么是不平凡，就是做好每一件平凡的事情。只有注重细节、留心细节的人，才能构筑理想的大厦，走向成功的殿堂。

生命中，那些看来微不足道的事情中都蕴藏着巨大的机遇，而成功者与一般人的最大区别往往体现在对待这些微不足道的小事的态度上。小事成就大事，细节成就完美。在小事上认真的人，做大事一定成绩卓越。因为细节最能体现一个人的智慧和美德。完美的细节代表着永不懈怠的处世风格，也是一个人追求成功的资本。

无数的哈佛人也用亲身经历告诉我们："差之毫厘，谬以千里"，有时细节关键到足以致命。所谓的小事情因其小而被人们忽略了，然而它却造成了大难题，常常会给人们带来大麻烦。因此，无论做什么事情，千万不可忽视细节的存在，否则就有可能付出极其惨重的代价。其实，细节是一种创造，也是一种征兆，从中可以看出一个人的命运去向和事情的成败。一些明智的人善于从小事情做起，从而使自己的命运得到彻底的改观。

◎哈佛考考你

一天，凯文来到化验室做作业，做完后想出去玩。“等等，妈妈还要考你一个题目，”身为医生的妈妈叫住了他说，“你看这6只做化验用的玻璃杯，前面3只盛满了水，后面3只是空的。你能只移动1只玻璃杯，就把盛满水的杯子和空杯子间隔起来吗?”爱动脑筋的凯文，是学校里有名的“小机灵”，他只想了一会儿就做到了。你知道“小机灵”是怎样做的吗?

◎答案

把第二个满着的杯子里的水倒到第五个空着的杯子里。

第十章

不抛弃、不放弃，苦难是人生修炼的最高学府

你遭遇过1850次的拒绝吗

曾经的哈佛学子比尔·盖茨认为，巨大的成功靠的不是力量而是韧性。如今社会的竞争常常是持久力的竞争，有恒心、有毅力的人往往能够成为笑到最后、笑得最好的人，对于青少年来讲，恒心和毅力是成功的必要条件，半途而废，浅尝辄止，那么梦想永远只能是梦想。

在人生的旅途上，几乎所有人都会遇到挫折，只是形式及次数不同而已。一时的失败并不可怕，可怕的是失去迎接困难的勇气。只有拥有了一颗勇敢的心，才能经受住人生的风吹雨打。所以，要想成就一番事业，在失败面前就要有“再努力一次”的决心和毅力。成功的秘诀，其实就是“坚韧”两个字。

在纽约的街头，一位穷困潦倒的年轻人，即使身上全部的钱加起来都不够买一件像样的西服。即便在这种时候，他仍然全心全意地坚持着自己心中的梦想：做演员，拍电影，当明星。

当时，好莱坞有500家电影公司，他根据自己的路线与排列好的名单顺序，带着自己写好的、量身定做的剧本前去一一拜访。但第一遍下来，500家电影公司竟然没有一家愿意聘用他。

面对一次又一次残忍的拒绝，他并没有灰心，而是鼓起勇气，继续他的第二轮拜访与自我推荐。

第二轮的拜访过后，500家电影公司又全部拒绝了他。第三轮的拜访下来，结果还是一样。

但这位年轻人咬紧牙关开始了他第四轮的拜访，这回，第351家电影公司的老板破天荒地愿意让他留下剧本先看一看。

几天后，对方打来电话，请他前去详细商谈。就在这次商谈中，这家公司决定投资开拍这部电影，并请这位年轻人担任剧本中的男主角。

这部电影名叫《洛奇》。这位年轻人叫西尔维斯特·史泰龙。翻开任何一部电影史，这部叫《洛奇》的电影与这个日后红遍全世界的巨星都榜上有名。

青少年朋友，你有史泰龙那样的勇气，迎接1850次拒绝吗？你经历过1850次拒绝吗？如果没有，就不要说：好运为何不在我身上降临？

一个人想成就任何大事，都必须能够不放弃，做到坚持下去，人只有坚持下去才能取得最后的成功。其实，一个人做一点事并不难，难的是能够始终如一、持之以恒地做下去，直到最终胜利。

哈佛学子都坚信这样一句话：当一个人清楚地知道自己灵魂深处的真正渴求是什么，知道哪些东西值得自己不惜一切代价去追求，他就能选择一个终生的努力方向，持之以恒地追求自己的梦想，而不会三心二意，将时间浪费在漫无目的的寻找上。

其实，失败和成功往往只有一步之遥，很多时候，再坚持走出一步就能到达成功了，但是大多数人都选择在离成功一步之遥的地方止步。

哈佛传达给学生的奋进观念是：成功最大的秘诀，就在于坚忍不拔的精神。我们的人生就像爬楼梯一样，必须做到一步一个台阶，没有任何捷径而言，只要一步一个台阶，你终将到达目的地。那些出类拔萃的人，无论身处何种境地都是不会轻言放弃。

◎哈佛考考你

你在沙漠上迷路了。走着走着，突然，你看见光秃秃的沙漠上，立着一块木牌，上面写着——跨过这个木牌一步，必死无疑。你会走过去吗？

假如，你抱着鱼死网破的心态，跨过去了，结果，什么都没有发生。当你转过身来，发现那块木牌的另一面也写着——跨过这个木牌一步，必死无疑。接下来你怎么办？

A.第一眼看清木牌上的字，就朝左右任意一个方向走了。

B.觉得这是个恶作剧，理都不理，心里只想着如何走出沙漠。

C.有些犹豫，终于还是跨了过去，期待会发现什么转机。回头看到木牌另一面的字，又有些犹豫，最后，你再次跨回去。

D.跨过去时，你有些犹豫。当你回头看到木牌另一面的字之后，就坦然朝前走了。

◎答案分析

选择A：小聪明。你有一种灵敏的嗅觉，但是你对生活中的危险通常只能察觉到四分之三。不过，你是走出沙漠可能性最大的一个。

选择B：心理强壮，但是缺乏想象力。平时很难为自己制造一些成功的窍门，很可能流失很多意外的机会。

选择C：反向思维，但是常常用法不当。疑神疑鬼是你的致命弱点。你是走出沙漠可能性最小的一个。

选择D：感性的恐怖意象，无法扭转你理性的方向。你有极强的逻辑性，属于大聪明。

畏惧失败就是毁灭进步

一位哈佛教授在课堂上十分风趣地说：“挫折是一条欺软怕硬的狗，你越是畏惧它，它就越威吓你；你越不把它放在眼里，它越对你表示恭顺。”这句看似诙谐的话语中，其实蕴涵着深刻的道理：一个人的一生不可能事事成功，难免会遭遇失败。因此，面对挫折，强者容易变得更坚强，而弱者容易变得更软弱。对于哈佛学子来说，他们都能够深深地体会到挫折、苦难，但是，他们从来不畏惧，也不相信眼泪，他们所拥有的是汗水与坚韧。

内心畏惧的人常常表现出害怕困难，意志薄弱，惧怕挫折，内心异常脆弱。遇到挫折，他们总是习惯性地退缩或者消极抵抗，不愿意冒险，惊慌失措而不知如何是好。其实，内心越是畏惧，挫折就会变得越是强大；而内心越是强大，挫折就越会变得不堪一击。我们要想成功地战胜挫折，就应该战胜内心的畏惧，让自己变得强大起来。

面对挫折，不同的人有不同的感受：意志坚强的人越是遭受挫折的打击，表现得越坚强；而内心总是充满畏惧的人，则会表现得越来越怯弱，而挫折似乎变得越来越强大。有时候，挫折并没有变强，而是我们内心的畏惧让那些容易克服的挫折变得强大起来。所以，为了战胜挫折，我们需要克服内心的畏惧感，这样我们才能获得战胜挫折的力量。

尼采说：“当我们勇敢的时候，我们一点儿也不认为自己是勇敢的。”有时候，内心畏惧是因为我们总是不断地逃避问题。其实，当我们试着改变自己的内心，让内心变得强大起来时，就会惊讶地发现，克服挫折不过如此，它容易得就像是跨过一道门槛。但是，如果总是任由内心畏惧而不去改变，那么，我们将失去许多成功的机会，因为幸运总是降临在那些有着强大内心、坚韧精神的人身上。

有一位年轻的美国小伙子叫西德尼，起初，他的家里经营着一家杂货店，不过生意惨淡。西德尼想，既然经营了这么多年都没有成功，就应该换一个思路，想想别的办法。于是西德尼对父母说：“我们家附近有几所大学，学生经常出来吃快餐。可是附近还没有人开一个比萨饼屋，我想卖比萨饼肯定能行。”父母非常支持西德尼的想法。于是帮助他在自家的杂货店对面开了一家比萨饼屋。

西德尼把比萨饼屋装修得精巧温馨，十分符合学生高雅讲情调的特点。在很短的时间内，西德尼的比萨饼就成为附近的名吃，每天都顾客爆满。于是，他又开了两家分店，生意也很好。

西德尼的胃口越来越大，他又马不停蹄地在俄克拉荷马开了两家分店。但是由于两个城市的学生在饮食和趣味上存在着巨大差异，他在装潢和配方上面也犯了一些错误。西德尼的这两家分店严重亏损。起初，他一家店一天准备500份，结果总有一半的比萨饼卖不出去。后来他又按200份准备，还是剩下很多。最后，他干脆只准备50份，这是一个连房租都不够的数字，但结果仍然不理想。同样是卖比萨饼，两个城市同样有大学，为什么在俄克拉荷马就失败呢？西德尼发现了问题所在，他迅速改正，生意很快兴隆起来。

在纽约，他也吃了苦头。他做了很细致的市场调查，但是比萨饼就是打不开市场。后来，他又发现，卖不动的原因是比萨饼的硬度不合纽约人的口味。他立即研究新配方，改变硬度，最后比萨饼成为纽约人早餐的必备食品。

经过19年的努力，西德尼的比萨饼店已经遍布美国，共计3100家，总值3亿多美元。西德尼说：“我每到一个城市开一家新店，90%是失败的，最后成功是因为失败后我从没有想过退缩，而是积极思考失败的原因，努力想新的办法。因为不能确定什么时候成功，你必须先学会失败，并且永远不要畏惧失败。”

人生也是如此，要想获得成功，就不要畏惧失败。挫折只会对那些内心充满畏惧的人耀武扬威，因为面对内心畏惧的人，挫折会越来越强大，最终，内心畏惧者在挫折面前只能失败。

在哈佛的校园有这样一条训言：如果做事之前，顾虑重重，畏首畏尾，必将一事无成。中国还有一句老话："失败乃成功之母。"有人则进一步讲："一次次失败的结果就是成功。"这话不无道理。在失败面前，是惧怕失败、畏缩不前，还是吸取教训、继续前进？这是成功的关键。

人生没有一帆风顺的，总要经历一些挫折和失败。但这并不可怕，可怕的是因挫折和失败而放弃对成功的追求。只有那些把挫折和失败当成动力并能从中学到一些东西的人，才会接近成功。

◎哈佛考考你

本来，你在家里睡了一夜好觉，第二天，却有一个熟人对你说，昨天半夜，他在路上遇见了你，还和你说了一阵话……你会怎么想？

A.他见鬼了

B.自己梦游

C.他认错人了

D.他梦游

◎答案分析

选择A：那就是你，你就是"鬼"。

选择B：你是最容易得梦游症的人。

选择C：你对自己信任度过高，对别人的信任度过低。

选择D：你思路宽阔，心态稳固，是做大事的料子。

困境中要学会忍耐

作为哈佛大学的毕业生，如今已经是美国一家知名广告公司总裁的约瑟夫，受邀回到母校为哈佛的新生做一次演讲。在演讲中，约瑟夫谈到自己成功的经验时，这样告诫大家：“在困境中，要懂得忍耐，注重积累，看似折磨、煎熬你的环境，却总能历练出最后的强者。”

约瑟夫从哈佛大学毕业以后，在一场招聘会上很走运地被一家石油公司看中。随即被总公司分配到一个海上油田工作。

在约瑟夫工作的第一天，工头便要求他，要在限定时间内登上几十米高的钻井架，并将一个包装好的漂亮盒子，送到最顶层的主管手中。他拿着盒子，迅速登上又高又窄的舷梯。当他气喘吁吁地登上顶层后，只见主管在盒子上签了自己的名字，又让他送回去给工头。他一接到命令，连忙又快速地走下舷梯，并把盒子交给工头。但是，没想到工头草草签完名字之后，又原封不动地交给他，要求他再送回去给顶层的主管。约瑟夫看了看工头，却又不知道要如何发问，只得乖乖地跑上顶层。然而，主管这回同样只在盒子上签名而已，便又要他送回去。

约瑟夫就这样来来回回，莫名其妙地上下跑了两次，心里隐约感觉到，这一切似乎是主管与工头故意刁难他。直到第三次，约瑟夫全身都被海水溅湿了，内心已经充满熊熊怒火，不过他仍然强忍着怒气。当他第三次将盒子送来给主管时，主管则说：“把它打开。”约瑟夫将盒子拆开后，里头居然是一罐咖啡与一罐奶精，这会儿他更加确定，这是主管与工头联合起来欺负他。他愤怒地看着主管，但是主管仿佛一点也没感觉似的，接着又对他说：“去冲杯咖啡吧。”这个命令一下，约瑟夫再也忍不住了，用力把盒子摔到海面上，气愤地说：“我不干了！”说完之后，他感觉痛快了许多，因为一肚子的怒火全部发泄出来了。但是，主管却失望地摇了摇头，并对他说：“孩子，你知道刚刚这一切，其实是一种训练啊！一种叫作承受极限的训练，因为我们每天都在海上作业，随时都可能会遇到危险，因此，工作人员都必须要有极强的承受力，才有办法完成海上的作业与任务。”

主管很遗憾地说：“唉！原本你前面三次都通过了，就差那么一点点，你无缘喝到自己冲泡的好咖啡，真是可惜！现在，你可以走了。”

这次经历给了约瑟夫很深刻的教训，也让他学会了忍耐和积累。正是因为有了这样的品质，很多年以后，约瑟夫才得以在商海中脱颖而出。

席勒曾说：“任何一个苦难与问题的背后，都有一个更大的祝福。”其实，伴随着困难的除了祝福，还有无限的机遇。我们在人生道路上，会遇到许多困难，如果缺乏自信，会使畏惧之心蔓延开来，不仅抓不住机遇，反而会被困难吞噬。生活是一道选择题，如果你选择了忍耐，机遇就有可能会降临；但是，如果你选择了放弃，机遇将永远放弃你。没有经过困难的磨炼，就不会有未来的辉煌。在通往成功的路上，有荆棘、有鲜花，荆棘代表着困难，鲜花预示着机遇，只要你越过荆棘，就会到达美丽的花园。

每当遇到困境，那正是考验一个人是否有忍耐能力的时候，没有忍受伴随变化而来的情绪波动的能力，就不会有重新建立新生活的希望。忍耐不是一件轻而易举的事情，它是战胜困境不可缺少的因素和力量。

在现实生活中，忍耐的确是一种品质，它能准确地反映一个人对外界事物的承受能力，不能忍耐的结果往往是不得不需要更长久的忍耐。学会忍耐，会让你的路越走越宽；学会忍耐，会使你迅速走向成熟；学会了忍耐你才能成就一番你所期待的事业。懂得忍耐的人，能审时度势，知进知退，保全自己，厚积薄发，从而突破困境，垫高人生。

◎哈佛考考你

有两个空心球，大小及重量相同，但材料不同。一个是金，一个是铅。空心球表面涂有相同颜色的油漆。现在要求在不破坏表面油漆的条件下用简易方法指出哪个是金的，哪个是铅的？

◎答案

旋转看速度。金的密度大，质量相同，所以金球的实际体积较小。因为外半径相同，所以金球的内半径较大，转动惯量大，在相同的外加力矩之下，金球的角加速度较小，所以转得慢。

走出困境，要从内心突破

哈佛大学的教授告诉学生们：当一个人长期面对困境无法摆脱的时候，他的内心很容易沾染上“习得性无助”，他就会给自己的心筑起一道永远无法逾越的墙，他会坚信自己无能为力，放弃了任何努力，最后导致失败。

习得性无助，是指一个人经历了失败和挫折后，面对问题时产生的无能为力的心理状态和行为。当一个人将不可控制的消极事件或失败结果归因于自身的智力、能力的时候，一种弥散的、无助的和抑郁的状态就会出现，自我评价就会降低，动机也减弱到最低水平，无助感也由此产生。

生活中有许多人处于这种“习得性无助”的状态，他们曾经屡屡去尝试成功，但是往往事与愿违，屡屡失败。几次失败以后，被“撞”怕了，开始怀疑自己的能力，不敢再去尝试，不再用曾经的热情去追求成功，而是自觉降低标准。即使原有的一切限制已经消失，他们已经习惯于自我设定的高度，不再去尝试冲刺新的高度。

有一天，哈佛大学心理学教授罗伯特先生接到了一个高中女孩的电话，在电话里，女孩带着沮丧的口吻重复着：“我真的什么都不行！”罗伯特教授感觉到她的痛苦与压抑，亲切地询问：“是这样吗？”女孩好像对自己特别失望：“是的，我和同学的关系不好，大家都不喜欢我，我的学习成绩一般，老师也不正眼瞧我，妈妈把所有的希望寄托在我身上，但我却无法满足她的愿望，我喜欢的男孩也不再喜欢我了，我已经感觉不到生活里的阳光了……”罗伯特教授追问：“那你为什么要打这个电话？”女孩继续说：“不知道，也许是想找个人说说话吧！”经过一番交谈，罗伯特教授明白了女孩的问题——习得性无助，却又缺乏鼓励。假如一个人长时间在挫折里得不到鼓励与肯定，就会逐渐养成自我否定的习惯。

接着，罗伯特教授说：“我觉得你有很多优点，有上进心，是个懂事的孩子，说话声音很好听，很有礼貌，语言表达能力强，做事情认真，能够与人沟通……你看看，我们才聊了一会儿，我就发现你有这么多的优点，你怎么能说自己什么都不行呢？”女孩惊讶地问：“这能算优点吗？没有人这样说过呀！”罗伯特教授回答：“从今天开始，请把你的优点写下来，至少要写满10条，然后，每天大声念几遍，你的自信心会慢慢回来。要是发现了新的优点，别忘了一定要加上去啊！”

事后，罗伯特先生告诉他的学生们：“在我们的身边，可能也有许多人像这个女孩一样，经历过挫折之后就觉得自己什么都不行了。但是，我希望你们今后彻底打消这种念头，无论什么时候，做任何事情之前，都不要急于否定自己。”

因“习得性无助”而产生的自我设限，是一种对自我能力、才智、外表、创意、体力及技巧的否定看法，它的真正危险在于阻挠人们获得成功的期望。人只要怀疑自己，就会强化其负面信念，让人更加倾向于在面对生活的挑战时抱怨“生意太难做”，或“我书读得太少”，或“我的经验不足”等消极的观点。

其实，对于每一个人来说，身陷危机并不可怕，可怕的是心如死灰，精神崩溃。如果当我们身处困境时，能有效地进行自我心理调节，使自己尽快从失意的泥沼中解脱出来，那么就可能成为令人刮目相看的成功者。

◎哈佛考考你

你相信宿命意义上的恶有恶报吗？

A.绝不相信

B.半信半疑

C.正好相反——恶有善报或者善有恶报

D.坚信

◎答案分析

选择A：你很可能是这样一种人：黑天，死了的拉登躺在你面前你都不害怕；白天，活着的拉登站在你面前你很畏惧。

选择B：尽管你很可能对这些测试答案半信半疑，但是我还是要告诉你：你的抗恐怖心理素质是最差的。

选择C：你的神经最强硬。你很可能成大善，也很可能成大恶。

选择D：你阴气很重，容易皈依宗教。你的精神世界离太阳十分遥远，但是并不黑暗，月明星稀，一片清明。

在绝望的时候再坚持一下

在哈佛的校园里，有这样一句经典的格言："在绝望的时候再坚持一下，将看到更美丽的彩虹。"哈佛学子在遇到困难的时候，总会鼓励自己坚持下去，因为他们相信：每一次的失败都会增加下一次成功的机会，这一次的拒绝就是下一次的赞同，这一次皱起的眉头就是下一次舒展的笑容，今天的不幸，往往预示着明天的好运。

在现实生活中，很多青少年朋友经常把"绝望"挂在嘴边，当前行的道路上出现一点点的不顺畅，就感觉到绝望，然后哀叹自己时运不济，就这样停止了前进的脚步。心理学家发现，人们绝望，主要表现在自己的放弃上，这种放弃多是因为对自己的不信任和感到自卑，往往沉不住气，在没有尝试或是刚刚开始尝试的时候便认为自己没有那个能力跨越眼前的障碍或是克服那个难题。比如，你可能很喜欢数学，在数学方面也有一定的天赋，但是可能就因为两三次比较糟糕的数学成绩就轻易地否定了自己，对数学产生了恐惧，不再认真去钻研它，甚至可能放弃对这门学科的学习。当中考没有考好，没有升上重点高中时，你就可能认为自己的人生就这样子了，于是在新的学校里马马虎虎地学习，甘心做一个中等学生。你还可能会因为父母离异，对生活失去信心，价值观以及世界观发生偏离。你总是认为事情已经到了无法挽回的地步，已经到了无可救药的程度，殊不知，这是心智不成熟的表现，是缺少抗挫折能力的表现，如果你轻言放弃，长大后也将甘于平庸，畏畏缩缩度过一生，甚至更为凄惨。

哈佛的心理学家认为，有80%的人在绝望还没有真正到来的时候就绝望了，而剩下的人中，又有80%的人在绝望真正到来的时候绝望了，只有极少数的人，可以在真正令人绝望的时刻还能保持一种顽强的生命力。就是这些极少数能够坚持到底的人，最后攀上了成功的高峰。在绝望的时候再坚持一下，你的坚持会让绝望生出希望。

1832年，毕业于哈佛大学的亚伯拉罕·林肯失业了，这令他感到很难过，他下定决心要成为政治家，当一名州议员。但是，糟糕的是，他在竞选中失败了。在短短的一年里，林肯遭受了两次打击，这对他而言无疑是痛苦的。接着，林肯开始自己创业，他开办了一家企业，可是还不到一年，这家企业倒闭了，在这之后的17年里，林肯都在为偿还企业欠下的债务而奔波劳累。不久之后，林肯又一次参加州议员竞选，这次他成功了。在林肯的内心深处有了一线希望，他认为自己的生活有了转机，心想：可能我可以成功了。

然而，人生的逆境好像永远没有结束的那一天。1835年，亚伯拉罕·林肯与漂亮的未婚妻订婚了，但在结婚前的几个月，未婚妻却不幸去世。林肯心力交瘁，几个月卧床不起，没过多久，就患上了精神衰弱症。1838年，林肯觉得身体好了些，决定竞选州议会议长，但是，在这次竞选他又失败了。再接再厉的精神鼓舞着林肯。1843年，林肯参加美国国会议员竞选，这次他所面临的依旧是失败。但是，林肯一直没有放弃。1846年，林肯参加国会议员竞选，这次他终于当选了。但两年任期过去了，林肯又面临了一次落选。不过，林肯并没有服输。1854年，他竞选参议员，失败了。两年之后，他竞选美国副总统提名，但是被对手打败了。两年之后，他再一次参加竞选，但还是失败了。无数的失败并没有让林肯放弃自己的追求。1860年，亚伯拉罕·林肯终于当选为美国总统。

成长中的青少年，正是初生牛犊不怕虎的年纪，你们有的是时间和机会，不要轻言放弃，更不要轻易绝望。也许困境的存在与否，不是你能够左右的，然而，对困境的回应方式与态度却完全取决于你。你可能因内心痛苦而恶言恶行，也可能将痛苦转化为诗篇，而是此是彼，则有待于你来抉择。艰苦岁月中，你也许没有选择的余地，但是，你却可以决定自己怎样去面对这种岁月。积极面对问题也许要有无比的勇气。“天无绝人之路”的想法，就是所谓的“可能性思考”。它代表一种积极进取的心态。但说它积极并不等于说它是万灵丹，能解决人生的所有问题。不过，你若相信“天无绝人之路”，以积极的态度面对困境，那么，在“天助自助”的情况下，你大部分的问题还是可以解决的。

人生总有种种不如意，但是，一个意志坚强的人能够将逆境变为顺境，在挫折中寻找转机，在逆境中坚定地走下去，最后获得成功。

◎哈佛考考你

赤道上有A、B两个城市，它们正好位于地球相对的位置。在这两个城市里分别住着的甲、乙两位科学家，他们每年都要去南极考察一次，但飞机票实在是太贵了。围绕地球一周需要1000美元，绕半周需要800美元，绕1/4周需要500美元，按照常理，他们每年都要分别买一张绕地球1/4周的往返机票，一共要1000美元，但是他们俩却想出一条妙计，两人都没花那么多的钱。你知道他们的妙计吗?

◎答案

甲买一张经由南极到B市的机票，乙买一张经由南极到A市的机票，当他们两人在南极相会时，把机票互换一下，这样他们只花了800美元就到了各自的城市了。

不抛弃、不放弃，苦难是人生修炼的最高学府

哈佛的一位大学者说：“苦难是一所学校，真理在里面总是变得强有力。”每一个渴望成功的人都需要在其中接受教育。历经风雨的洗礼，生命才能焕发别样的光彩。人生的旅程，如同穿越崇山峻岭，时而风吹雨打，困顿难行，时而雨过天晴，鸟语花香。当苦难来临时，有的人自怨自艾，意志消沉，一蹶不振；而有的人则不屈不挠，与苦难做斗争，成为生活的强者。

卢梭在《埃米尔》一书中说：我的一生中曾有过短暂的得意，幸运的时刻，它们几乎都没有给我留下持久的回忆，相反，在那些艰苦的岁月里，我却总是满怀温馨、甜美的感情为受伤的心灵抹上香膏，将痛苦化为欢乐，而把当时的苦和累忘得一干二净。在苦难和挫折面前，只有成功者才不会被它们压倒，也正是他们在苦难中学会了坚持，所以苦难成了他们通向成功路上的一张“通行证”。

美国前总统克林顿也拥有一个很不幸的童年。在他出生前的4个月，父亲因为车祸意外身亡。他母亲因无力养家，只好把出生不久的他托付给他外公抚养。小时候的克林顿深受外公和舅舅的影响。他从外公那里学会了忍耐和平等待人，从舅舅那里学到了说到做到的男子汉气概。在他7岁的时候，母亲将他接到温泉城，和继父一起生活。不幸的是，双亲之间常因意见不合而发生激烈冲突。继父嗜酒成性，酒后经常虐待克林顿的母亲，小克林顿也经常遭其斥骂。这给从小就寄养在亲戚家的小克林顿的心灵蒙上了一层阴影。

由于童年生活的坎坷，克林顿更希望得到别人的喜欢和认可。他在中学时代非常活跃，一直积极参与班级和学生会活动，并且有较强的组织和社会活动能力。他是学校合唱队的主要成员，而且被乐队指挥定为首席吹奏手。

1963年夏，他在“中学模拟政府”的竞选中被选为参议员，应邀参观了首都华盛顿，这使他有机会看到了“真正的政治”。参观白宫时，他受到了肯尼迪总统的接见，不但同总统握了手，而且还和总统合影留念。

此次华盛顿之行是克林顿人生的转折点，使他的理想由当牧师、音乐家、记者或教师转向了从政，梦想成为肯尼迪第二。

有了目标和坚强的意志，克林顿此后30年的全部努力，都紧紧围绕这个目标。上大学时，他先读外交，后读法律——这些都是政治家必须具备的知识修养。离开学校后，他一步一个脚印：律师、议员、州长，最后达到了政治家的巅峰——总统。

美国约翰·霍普金斯大学心理学教授约翰·霍兰德说：“在最黑的土地上生长着最娇艳的花朵，那些最伟岸挺拔的树木总是在最陡峭的岩石中扎根，昂首向天。”不要诅咒目前的黑暗，你所要做的就是做好准备，迎接光明，因为黑暗只是光明的前兆。很多时候，你认为自己承受不了的事，往往却能够不费气力地承受下来，人生没有承受不了的事，相信自己。其实，只要努力，这些困难并不像你想象的那样可怕。只要勇敢面对，你就能够承受得了。等你适应了那样的不幸以后，就可以从不幸中找到幸运的种子了。

在人生的旅途中，为什么有的人能成功，而有人的却仅仅差一步还是跌入了失败的深渊。就是因为那些成功者，即使面对的是极其渺茫的希望，不到最后一刻，他也绝不放手，而是死死抓住这点希望不放，在最后的坚持中赢来奇迹的出现。成功最青睐执着的人，这类人即使是在最黑暗的夜晚，也会坚定信念信心满满地向前走，勇敢地穿越漫漫长夜，最终迎来阳光灿烂的日子。作为青少年朋友，想要获得成功，就应该把“不抛弃、不放弃”作为人生的一种信念，无论遇到什么困难、什么挫折，都将它们当作人生修炼的最高学府，勇敢地走出去，那么成功就离我们不远了。

◎**哈佛考考你**

一位逻辑学家误人某原始部落，被囚于牢狱，酋长意欲放行，他对逻辑学家说：“今有两门，一为自由，一为死亡，你可任意开启一门。现有两个战士，你可从中选择一人来解答你所提的任何一个问题，其中一个天性诚实，一人说谎成性，今后生死任你选择。”逻辑学家沉思片刻，即向一战士发问，然后开门从容离去。请问逻辑学家应如何发问？

◎**答案**

逻辑学家要向任意一个人发问，问：“如果，我问你的是你的同伴（另一个战士）哪个门是自由的门，那么，你的同伴会指向哪扇门？”如果问诚实的，因为另一个战士是说谎的（他会指向死亡之门），所以诚实的人会指向死亡之门；如果问不诚实的，因为另一个战士说真话（他会指向自由之门），所以这个不诚实的人会说谎成死亡之门。无论你问谁，这个人都会指向死亡之门，所以走另外的门就安全了。

第十一章

影响哈佛学子一生的8句箴言

阅读：无论走到哪儿，随身携带一本书

一位已经卸任的哈佛大学校长告诉学生们：“人，若是能养成每天读15分钟的习惯，则二十年后，必判若两人。”这是一个十分有益的告诫，说明学习成才贵在养成良好的读书习惯。哈佛大学的教授给学生算过这样一笔账：如果每天花15分钟看书，一个中等水平的读者读一本一般性的书，每分钟能读300字，15分钟就能读4500字。一个月是135000字，1年的阅读量可以达到1620000字。而书籍的篇幅从60000字到100000字不等，平均起来大约80000字。每天读15分钟，一年就可以读20本书，这个数目是相当可观的，远远超过了世界上人均年阅读量，而且这并不难实现。

在瞬息万变的现代社会，各种知识更新极为迅速。如果青少年朋友只满足于已经掌握的那点知识而不能与时俱进地吸收新的信息、新的知识，不能利用各种手段为头脑“充电”，那么终究有一天会被社会淘汰。

世界上没有天才，非学就无以成才，读书无疑是积累知识的最好方法，书是人类的精神食粮，也是成大事者的必备之物。“天下才子必读书”这似乎已是一条定律。

书虽然是一种没有声音的东西，但是它对人类的影响却是非常深远的，如果你经常阅读各行业成功人士的传记或者是自传，进行了认真地思索，你就有可能从中找出适合自己的成功之路来。

俄国著名的学者赫尔岑说过：“书是和人类一起成长起来的，一切震撼智慧的学说，一切打动心灵的热情都在书里结晶形成；书本中记述了人类生活宏大规模的自由，记述了叫作世界史的宏伟自传。”

书籍蕴涵着千百年来人类的智慧与理性，正因为其中的人性之处，才使得一些书伟大，灿然有光。书籍是一种工具，它能在黑暗的日子鼓励你，使你大胆地走入一个别开生面的境界。

阅读习惯是一种文化素质，是国民尤其是国家未来的建设者——青少年素质中的一个重要组成部分。

在哈佛大学的图书馆里有这样一条馆训：此刻打盹，你将做梦；而此刻学习，你将圆梦。

哈佛大学的维德勒图书馆藏书有345万册，这只是哈佛大学100多座图书馆中极为普通的一座。然而，这座普通的图书馆却显得与众不同。

由新英格兰红砖砌筑的坚实墙体外，耸立着两块石碑，其中的一块碑文是："维德勒，哈佛大学学生，生于1885年6月3日，1912年4月15日与泰坦尼克号一起沉入大海。"另一块碑文为："这座图书馆由维德勒的母亲捐建于1915年6月24日。馆内最有意义的一本书是《弗朗西斯·培根散文集》。"

这是怎么一回事呢？真相就是：当年，泰坦尼克号在茫茫大海中沉没之时，维德勒和他的母亲一起正准备登上小船逃生。突然，维德勒转过身，让母亲先上小船，自己却转身要返回船舱。他告诉母亲："我忘带《弗朗西斯·培根散文集》了。我不能让这本我喜爱的书沉入海底！"就这样，爱书如命的哈佛学子维德勒，为抢救一本书，最终和书一起沉入海底。

在图书馆中厅的一角，摆放着的就是那本《弗朗西斯·培根散文集》。那本书已经完全褪色了，极普通的纸质，没有精美的包装，摆放于一个不大而密封的玻璃框内。这本书是维德勒的母亲捐建成该图书馆后，购买的第一本书，已经在这里静静地躺了将近100个年头了。在书的下方写着这样一行字：书与维德勒同在！

哈佛大学占地154公顷，随处可见用新英格兰红砖建筑的图书馆。在哈佛人看来，书就是生命。可以毫不夸张地说，在哈佛大学，每个人都是一座图书馆！

在现实社会中，青少年朋友要养成阅读的习惯，说难也难，说易也易。只要经常有计划、下意识地拿起书来阅读学习，并且日复一日地坚持下去，久而久之，读书习惯也就自然而然地养成了。

◎哈佛考考你

有一套英文书共10本，依次放在书架上。每本书100页，10本共1000页。一条蛀虫从第一本书第一页起，一直蛀到最后一本的最后一页，它一共蛀了几页？

◎答案

999页。

思考：睡前五分钟向自己提出问题

哈佛教授弗吉尼亚·约翰逊曾经说过：“我们必须时时进行思考。只有深思熟虑，才能战胜愚昧，在积极的思考中勇敢地面向未来。”思路决定出路，观念决定成败。古今中外，伟人们洞悉了这样一个道理：“人生的好与坏，就好比人用脑一样。你怎样思考，你的人生就会变得怎样。”这也是哈佛学子听得最多的一句话。

盖茨博士是美国著名的大教育家、哲学家、心理学家、科学家和发明家，他一生中有许多发明和发现，为艺术和科学事业做出了十分杰出的贡献。

有一次，拿破仑·希尔带着介绍信前往盖茨博士的实验室去造访他。当拿破仑·希尔到达时，盖茨博士的女秘书对他说：“很抱歉，这个时候我不能打扰盖茨博士。”

拿破仑·希尔十分不解，问女秘书：“我要过多久才能见到他呢？”

女秘书摊开双手，很无奈地回答：“我不知道，恐怕要3小时。”

拿破仑·希尔继续问：“那么请你告诉我，为什么不能打扰盖茨博士呢？”

秘书迟疑了一下，然后说：“他正在静坐冥想。”

拿破仑·希尔忍不住笑了：“什么是‘静坐冥想’？”

秘书微笑着说：“最好还是请盖茨博士自己来解释吧！我真的不知道要多久，如果你愿意等，我们很欢迎；如果你想以后再来，我可以留意，看看能不能帮你约一个时间。”

拿破仑·希尔决定等待。

当盖茨博士终于走出实验室时，他的秘书给他们进行了介绍。拿破仑·希尔开玩笑地把他秘书说的话告诉他。在看过介绍信以后，盖茨博士高兴地说："你不想看看我'静坐冥想'的地方，并且了解我是怎么做的吗？"

于是，他带着希尔到了一个隔音的房间。这个房间里唯一的家具是一张简朴的桌子和一把椅子，桌子上放着几本白纸簿、几支铅笔以及一个开关电灯的按钮。

盖茨博士对拿破仑·希尔说："每当我遇到困难而百思不解时，就走到这个房间来，关上房门坐下，熄灭灯光，让全副心思进入深沉的集中状态。我就这样运用'静坐冥想'的方法，要求自己的潜意识给自己一个解答，不论什么都可以。有时候，灵感似乎迟迟不来；有时候似乎一下子就涌进我的脑海；更有些时候，得花上两小时那么长的时间它才出现。等到念头开始澄明清晰起来，我就立即开灯把它记下来……"

盖茨博士曾经把别的发明家努力钻研却没有成功的发明重新加以研究，使它尽善尽美，因而获得了200多项专利权。

可以说，盖茨博士的成功，与他勤于思考有着必然的联系。这也是思考的魅力所在。创造性思维是大脑思维活动的高级层次，是智慧的升华，是大脑智力发展的高级表现形态。从成功这个意义上说，人的成就首先是"想"出来的，是在正确思考后，并采取行动做出来的。想就是思考。思考虽然看不见、摸不到，但它真实地存在着。有什么样的思考方式，就会有什么样的命运。如果你的思考和自信、成功、乐观联系在一起，那么你会有一个圆满的人生；如果你总是想到自卑、失败、忧愁，总是小心翼翼、蹑手蹑脚，那么你的命运也不会好到哪里去。

◎哈佛考考你

测试你的思考能力：当你还是个小孩（或者你现在正是个小孩），好像总觉得大人的世界很广阔，又自由自在，真希望自己能快一点长大。在你心中，最羡慕大人的什么？

A.可以为所欲为

B.不必考试

C.穿着打扮可以按照自己的意愿

D.权威感

◎**答案分析**

选择A：你具有很强的吸收力，可以快速了解别人在说什么，经过消化之后，转化为你熟悉的做事程序，让所有人都叹服你是心中有数的人。

选择B：你的想法和别人很不相同，会考虑事情的其他方面，然而这往往不是一般人会想到的，所以如果没有知音，你可能是一个人独自奋战。

选择C：你会想到问题的细节部分，当多数人已经掌握大方向之后，你提出的意见可以让事情做到完美的境地。

选择D：你在思考一件事情的时候，会先找出最主要宗旨，确定实施的范围之后，才开始进行大纲的架构，所以你很快能进入状态，对事情的全貌有清晰的概念。

选择：比汗水更重要的是选择的智慧

“并不是付出就能有回报，关键在于你选择了什么。选择什么，你就会得到什么，但是如果你什么都想选择，那么什么都不会选择你。”这是哈佛名师约翰·艾勒斯先生经常说的一句话，也是无数哈佛学子精于取舍的最佳写照。

人们常说，人生就好像一条曲线，起点和终点是无法选择的，而起点和终点之间充满着无数个选择的机会。很多人的生活就像秋风卷起的落叶，漫无目的地飘荡，最后停在某处，干枯、腐烂……这都是由于不懂得选择，也就意味着向命运妥协。因此，为了促进个人的成长，达到个人的幸福，你必须学会驾驭生活，懂得选择的智慧。你必须自己选择服装，自己选择朋友，自己选择工作，自己选择人生……

有时候，放弃并不完全代表着失败和气馁，明智的放弃是为了得到。有时，选择了放弃，便选择了成功和获得。

生活中，总有很多的无奈需要我们去面对，总有很多的道路需要我们去选择。放弃一些原本不属于自己的，去把握和珍惜真正属于自己的，去追寻前方更加美好的东西！放弃一些烦琐，为了轻便地前行；放弃一丝怅惘，为了轻快地歌唱；放弃一段凄美，为了轻松地梦想。放弃，是一种伤感，但更是一种美丽。

劳伦特毕业于哈佛大学，他是一位很有抱负的年轻人。在哈佛的毕业典礼上，他信誓旦旦地向导师保证，自己将来一定能在社会上取得一番不小的成就，可是现实终究是残酷的，劳伦特屡屡碰壁，许多年过去了，仍然一事无成。于是，他来到一个富翁的家里，向对方请教成功的诀窍。

富翁弄清楚劳伦特的来意后，什么也没有说，只是转身从厨房拿来了一个大西瓜。劳伦特有些迷惑不解，不明白富翁要做什么，只是睁大眼睛看着富翁把西瓜切成了大小不等的三块。

“如果每块西瓜代表一定的利益，你会如何选择呢？”富翁一边说一边把西瓜放到劳伦特面前。

“当然选择最大的那块！”劳伦特毫不犹豫地回答。

富翁笑了笑说：“那好，请用吧！”

于是富翁把最大的那块西瓜递给了劳伦特，自己却吃起了最小的那块。当劳伦特还在津津有味地享用最大的那一块时，富翁已经吃完了最小的那一块；接着，富翁很得意地拿起了剩下的那一块，还故意在劳伦特眼前晃了晃，然后大口地吃了起来。

其实，那两块小的加起来要比最大的那一块分量大得多。劳伦特马上就明白了富翁的意思：富翁吃的那两块西瓜虽然都没有自己吃的那块大，可是最后却比自己吃得多。如果每块西瓜代表一定程度的利益，那么富翁赢得的利益自然要比自己的多。

最后，富翁对劳伦特语重心长地说：“一个人想获得成功，必须懂得选择的智慧，我们在做出选择时，也放弃了人生的另一种可能。所以，做任何抉择都要慎重地选择，要懂得选择与放弃的智慧。”

在人的一生当中，常常要面临许多选择，也要做出一些放弃。所以你必须审慎地运用你的智慧，有所选择，有所放弃，做最正确的判断，选择属于你的正确方向。别忘了随时检视自己选择的角度是否产生偏差，适时地给予调整。

当青少年真正做出了选择之后，就要付诸实际行动，当你真正养成了“选好了就去做”的人生态度时，你就掌握了向成功迈进的秘诀。哈佛人常说：“你的能力加上你的选择，决定了你的未来。”只有那些选好了就立即行动的人，他们的效率才会惊人的高，往往也只有这样的人，才能做出一番大事业来。

◎哈佛考考你

有一位国王想要迫使首相辞职，于是在帽子里放了两张纸条，请法官作证，说如果首相抽出的纸上写着“留”，他便可留任；写的是“去”，他便应辞职。但国王在两张纸上都写了“去”字。首相抽出纸条后，法官竟判他留任。首相究竟用了什么妙计呢？

◎答案

首相随机取一纸条，然后吞下。法官只能看剩下的纸条，因为剩下的为“去”，所以法官推断吞下去的纸条必是“留”。

财商：哈佛大学的第一堂经济学课

在美国等西方国家，可以说每一个正常的青少年，他们在3岁时就能辨认钱币，认识币值、纸币和硬币。4岁就要具备用钱买简单的用品，如画笔、泡泡糖、小玩具、小食品。5岁时就已经弄明白钱是劳动得到的报酬，并开始学会挣钱。6岁时就能数较大数目的钱，开始攒钱，培养“自己的钱”意识。7岁时就能看懂商品价格标签，并和自己的钱比较，确认自己是否有购买能力。8岁时就在银行开户存钱，并想办法自己挣零花钱，如卖报、给领导买小物件获得报酬。9岁时就开始制订自己的用钱计划，能和商店讨价还价，学会买卖交易。10岁懂得节约零钱，在必要时可购买较贵的商品，如溜冰鞋、滑板等。11岁时可以对商业广告做出正确的评价，从中发现价廉物美的商品，并有打折、优惠的概念。12岁时懂得珍惜钱，知道钱来之不易，有节约观念。12岁以后，则完全可以参与成人社会的商业活动和理财、交易等活动。

因为他们从小就明白，富人之所以成为富人、穷人之所以成为穷人的根本原因就在于这种不同的金钱观。穷人是遵循“工作为挣钱”的思路，而富人则是主张“钱要为我工作”。正如哈佛教授在强调财商重要性时，常会这样对他的学生们说：智商可以让你聪明，但不能使你成为富有的人；情商可帮助你寻找财富，赚取人生的第一桶金；但只有财商才能为你保存这第一桶金，并且让它增值。

比尔·盖茨可以说是哈佛学子中最著名的一位。作为曾经连续13年蝉联世界财富冠军，这位中途辍学的哈佛学子对财富有着不一样的认识。换句话说，比尔·盖茨拥有与众不同的财商。

毫无疑问，比尔·盖茨同其他人一样喜欢财富，追逐财富，为此，他耗费了大量精力和心血。但是，对于他所拥有的财富，比尔·盖茨却表现出了独特的见解，他曾表示：“我只是这笔财富的看管人，我需要找到最合适的方式来使用它。”比尔·盖茨很少关心金钱的问题，也不过问自己股票的涨跌。当有朋友向他“求经”时，他总是说：“当你有了1亿美元的时候，你就会明白钱只不过是一种符号而已，简直毫无意义。”由此，我们可以看出比尔·盖茨对金钱的真实看法。

尽管比尔·盖茨拥有让全世界的人羡慕的巨大财富，但是他在日常生活中却十分节俭。他穿衣从来不刻意讲求名牌，也不在乎自己所穿的衣服是否昂贵，只要衣服穿起来感觉舒适就行。在一次由世界32位顶级企业家举办的“夏日派对”上，比尔·盖茨所穿的是妻子梅琳达给他买的一件衣服。这件衣服的样式还不错，但是价钱却十分便宜，还不到歌星、影星一次洗衣服的钱。对此，比尔·盖茨毫不在意，在他看来，一个人只有用好每一分钱，才能事业有成、生活幸福。

也许在大多数人看来，比尔·盖茨追逐财富但又很节俭，这似乎有些矛盾。其实，这恰恰显示了这个哈佛学子的独特财商：财富只是自己人生价值的一种体现，而每一分钱都应该用在该用的地方。

哈佛大学作为全球造就亿万富翁最多的大学。哈佛商学院也被誉为“总经理摇篮”，培养了微软、IBM等一个个商业神话的缔造者。哈佛之所以能在商业方面培养出这么多杰出的人才，这不仅仅得益于哈佛对智商、情商的教育，更应该归功于它培养和提高学生财商方面独特而行之有效的方法。

在哈佛大学，每一个听过经济学的学生，在第一堂课上都能接触到两个概念：一是花钱要区分“投资”行为或“消费”行为；二是每月先储蓄30%的工资，剩下的才进行消费。

哈佛教授会告诉学生，投资是可以给你的未来带来收益的行为，消费则不然。

简单地说，两个同学甲、乙，他们手上现在有50万美元，同学甲买了一套房子，而同学乙买了一辆名车，数年之后，同学甲的房子不断增值，有可能增值到80万美元，而同学乙的二手车，10万美元可能也无人问津。

当然也不排除，房子会贬值的可能性。但通过这个故事，我们可以看出，投资行为可以让手上的钱得以升值，而消费行为则会让我们的钱贬值。

因此，哈佛教授就会引出了第二个概念，就是每月先储蓄30%的工资，剩下的才进行消费。但在中国，可能不仅仅是我们的父母，或是身边的朋友，他们手上的工资、零花钱、压岁钱，他们首先想到的是“先花钱，能剩多少便储蓄多少”。采用这种方式到月底能剩下的用于储蓄的钱其实并不多，但哈佛学子则按照哈佛的忠告，把存钱当成每月最重要的目标，只会超额完成，不能找任何借口和理由放弃目标，因此，剩下的钱就越来越多了。

哈佛大学的第一堂经济学课和巴菲特的经验告诉我们，我们只要记住三句话。第一句话，每月储蓄30%的工资，先储蓄，后消费；第二句话，一定要投资，并且要求投资年综合回报率要在10%以上；第三句话，持之以恒，不论是储蓄还是投资，必须坚持10年以上。那样我们就有可能成为下一个巴菲特。

成功学大师卡耐基曾经说过：“人类百分之七十的烦恼都跟金钱有关，而人们在处理金钱时，却往往意外的盲目。”所以我们在拥有高智商、高情商之后，更应该拥有高财商，从现在开始就学会理财，学会投资，为10年、20年后，做一个富人时刻准备着。

◎哈佛考考你

1.你对压岁钱、零花钱等预备金是怎么使用的？

A.存为银行的定期存款

B.通过信托公司赚钱

C.买股票，股票生利息

D.利用股票或商品交易

2.你的所有钱财是怎样处理的？

A.存在银行

B.随身带着

C.上交父亲

D.上交母亲

3.假如你现在有10万元，朋友要向你借10万元，你会怎么做？

A.在有证人与借据的情况下借出，不要利息

B. 3万会借给他，10万不借

C.每月3分利，求之不得的收益

D.有担保人，短期会借

4.在购物时，你最注意的是什么？

A.无论如何先砍价

B.仔细听对方对价格的介绍

C.按照对方的价格付钱

D.不考虑价格问题

◎评分标准

选A，5分；选B，3分；选C，1分；选D，0分。

◎结果分析

0—7分：你很会存钱，在经济方面是一个理论家。

8—13分：你认为钱应该在市场上流通，但在理财上应该注意。

14—17分：你非常善于支配自己的钱，对金钱驾驭能力很强。

18—20分：你可以说是一个理财高手，而且很有处理经济的才能。

借力：永远都不要独自用餐

哈佛大学的德里克教授在一堂经济管理课上对学生说："一个成功的管理者，不是因为自身有多么强大，而是懂得将别人的长处最大限度地变为己用。"所谓借力发力不费力，那些懂得借力发力的人，通常能够以小博大，以弱胜强，以柔克刚；能够四两拨千斤，借他人之力为己用，从而获得成功。

"君子性非异也，善假于物也。"千年前的古人都懂得要借力而行，如今的我们更应该懂得。借力而行是一种智慧，不是懒惰；借力而行是一种互助，不是偷窃；借力而行是一种共赢，不是捡便宜或吃亏……充满智慧的人，通常懂得借力而行，实现自我，成就他人。

紫藤萝与牵牛花借助枯树与篱笆展示了自己的美丽，篱笆与枯树借助牵牛花与紫藤萝成就了自己的风景。每个青少年都渴望取得很好的成绩，想在未来成为一个成功的人，但很多人埋怨自己出身贫寒、运气不佳、脑瓜子不够聪明、资源短缺……其实在聪明的青少年看来，那些都不过是借口，真正聪明的人是一个善于借助他人的力量来使自己成功的人。

哈佛大学的毕业生杰伊来到一个公司的招聘会上，这时，聘用方的领导还迟迟未到。有的应聘者已经等得不耐烦了，在接待室里走来走去；有的人干脆抱怨起来；杰伊只是静静地等待，不动声色。

过了一会儿，一个考官模样的人走进来，对大家说："请大家将这个大厅的面积、高度用最快的时间计算出来，第一位最接近正确答案的人将是我们的员工。"他还为应聘者们准备了一些尺、规、计算器之类的计量工具，甚至还有一把梯子。

应聘者感觉这下可看到希望了，争先恐后地忙起来，每个人都忙得不亦乐乎。只有杰伊没有动，他只是静静地思考了一会儿，然后离开了大厅，剩下的每个人都用尽了浑身解数，量了又量，算了又算，但尺子太短，梯子不高，要算出精确的结果，真是难上加难。

几分钟后，杰伊回来了，他敲开了考官的门，并将“计算”出的结果告诉了他。考官感到不可思议，问杰伊：“这么快你就有答案了？”

杰伊从容地微笑着说：“我只是去了一趟公司工程部。我想他们在大厅装修和施工的时候，一定知道它的确切数据。”

考官很满意地点点头，笑着说：“恭喜你，你被我们正式录用了。”

杰伊的故事告诉我们：在成功的道理上，要学会借助外力来发展，也就是所谓的“好风凭借力，送你上青云”，“智者当借力而行”，可以这样说：借力而行是成功者处事的最高境界。正如犹太人的经典《塔木德》里说，自己没有鞋穿的时候，可以借用别人的，那么会比赤脚跑得快。

确实，在这个世界上，我们可以发现很多有真才实学的人，最终都为别人所用，很大程度上成为别人的工具。原因在于他们在做事时都限于使用自己的才学，没有注意利用别人的。而真正的成功者，恰恰是那些善于借别人的力，让自己不断强大的人。

◎哈佛考考你

一个商人骑一头驴要穿越1000公里长的沙漠，去卖3000根胡萝卜。已知驴一次性可驮1000根胡萝卜，但每走一公里又要吃掉一根胡萝卜。问：商人一共可卖出多少根胡萝卜?

◎答案

500根。解析：商人带驴驮1000根胡萝卜，先走250公里，这时，驴已吃250根，放下500根，原地返回，又吃掉250根。商人再带驴驮1000根胡萝卜，走到250公里处，这时，驴已吃250根，再驮上原先放的500根中的250根，继续前行至500公里处，这时，驴又吃250根，放下500根，剩250根返回250公里处，再驮上250公里处剩下的250根返回原地，这时驴又吃250根。商人再带驴驮1000根胡萝卜，走到500公里处，这时，驴已吃500根，再驮上原先放的500根，走出沙漠，驴吃掉500根，还剩500根。

锻炼：选择一项自己最喜欢的运动

包括哈佛大学在内，几乎所有美国名牌大学都对运动十分青睐。每所大学都希望自己“文武双全”。不仅学术上成绩显赫，拥有实力雄厚的运动队也非常重要。因为这代表着活力四射、团结奋发、拼搏向上的“光辉”形象。每所大学都为自己的运动队骄傲，每场比赛的观众都全部由本校学生、老师、校友和亲友组成。这些忠实的“粉丝”们，都会忠心耿耿地倾全力为本校运动队呐喊、助威。

哈佛的专家早已发现，身体受损引起的各种生命障碍，皆因人体对外部环境不适应所致。为了保证机体内部与自然界的变化相适应，必须始终处于运动状态中。

早在公元前300年，古希腊伟大的思想家亚里士多德就提出了“生命在于运动”的名言，深刻寓意了运动对身体健康所起的重要作用。后来，医学和生理学关于“适者生存”的理论，明确地说明：人的健康状况和工作效率，不仅取决于全身各器官、系统的功能和相互协调，而且还取决于整个身体对自然和社会环境的适应能力。怎样才能获得这种“适应能力”呢？经过人们长期探索，终于得出这样一个结论：获得对环境的适应能力应是长期锻炼的结果。不同人对环境适应能力的差异，除受制于不同的生活环境外，在相当程度上与体育锻炼息息相关。

经常参加体育运动的人，智商明显高于未参加运动或极少参加运动的人。有研究证明，几乎所有的运动都会使创造力提高。运动会让人精神抖擞、情绪饱满、思维敏捷、思路开阔，解决问题能力增强。长期坚持体育运动者，其创造力及各项能力的总体水平高于不爱运动的人。许多优秀的科学家、商业领袖也都是体育爱好者或体育名将。其中最典型的就是20世纪初丹麦AB队主力守门员尼尔斯·玻尔，他的另一个称号是1922年诺贝尔物理学奖获得者。他花了很多时间在体育运动上，但这丝毫没有影响他的学业成绩，反而使他的学习效率出奇的高。

对于青少年来说，健康是人生的第一财富，是成功的载体，如果没有健康的身体作保证，理想、事业、幸福、成功都将不复存在。运动不仅可以让我们的身体保持健康，而且还是一种很好的调节方式。

有时候学习太紧张，我们往往很少主动去参加运动。长时间的伏案学习后，脑细胞得不到充足的血液和氧气供应，容易出现疲劳，感到头昏脑涨。也有的时候，因为一些事情，我们会感到沮丧、困惑或无聊。

在这些情况下，或许我们能采取的最好办法就是像阿甘那样：停止学习，或者放下不愉快的情绪，去做一些自己比较喜欢的体育运动，如跑步、打球等。运动不仅有利于我们的身体健康，而且还具有解除大脑疲劳、振奋精神、调节心理状态等神奇功效。

在人类运动史上有很多运动项目，比如马拉松、超长马拉松等竞技项目都是为了向人类忍耐力的极限发起挑战。如果青少年能够养成一种敢于挑战自我极限的习惯，以及具有挑战自我极限的体验，那么对于未来的成长来说将有很大的裨益。

20世纪80年代，有一艘叫赫尔瑟的渔船因为没有得到警告，在驶近冰岛时翻了船。当事件发生时，船上有5个人，两个在甲板下，当船像龟壳一样翻扣过来时，他们不是被淹没了，就是因寒冷休克窒息而死。另外3人一起待在寒冷的黑暗中，他们牢牢地抓住翻转的船的龙骨。他们知道，和船待在一起获救的可能性最大，但仅仅几分钟后，船身沉没了，他们很快就失去了这个依靠。他们当时被困在离岸4.8千米的海水里，气温在0℃以下，水温大约5℃。

很多专家都认为他们已经毫无生还的希望，因为在这种情况下，人能够存活的时间不会超过20分钟。除此之外，专家还做出这样的预测：如果他们看到远处岸上的灯光并向它游去的话，他们生存的时间有可能还要缩短。计算机模型和实验数据都发现同一个奇怪的事实，就是当淹没在寒冷水域中的人试图通过游动来努力保持温暖时，他们反而会冷得更快——寒冷的水流冲泡他们的衣服所引起的热量流失会大大地超过他们在运动中产生的热量，这是因为水对热的传导能力比空气的传导能力要强25倍以上。

那3个人也许并不了解理论上所指出的危险，在意识到救援不会马上到来后，他们开始向岸边游去，为了求生大家用尽了全身的力气。居然有一个人活了下来，他就是25岁的戈罗·弗雷多。据弗雷多回忆，游了不到10分钟，他就发现寂静的黑暗中只剩下他一个人。但他接着向前游去，尽管腿和胳膊的疼痛使游动变得很困难，他仍一直保持着运动。他一直游了6个多小时，直到天色泛亮，太阳升起，他发现自己靠近了一个海滩。后来，他被涨潮的潮水冲上海滩，上了岸，看到不远的地方有一座农舍，他步履蹒跚地跑到那儿，告诉人家发生了什么。

哈佛学子时刻传递着这样一种精神：只要勇于挑战，你就能够击败许多“不可能”，充分地激发出个人的潜能。青少年处于人生成长的黄金时期，更应当培养自己挑战极限的精神，在青春岁月中多留下一些挑战自我极限的体验。那么，从现在开始，选择一两种适合自己的并且能够长期坚持下去的运动项目吧！具备这种体育精神，不仅有益于我们的身体健康，而且能使我们在漫长的人生中，不管遇到多少艰难险阻，都绝不会退缩，永远保持勇往直前、乐观向上的良好心态。

◎哈佛考考你

从喜欢的运动项目也可以看到你的个性。以下项目中你最喜欢哪一个？

A.排球

B.羽毛球

C.足球

D.棒球

E.游泳

F.拳击

G.跆拳道

H.摔跤

I.柔道

◎答案分析

选择A：你很主观，但为人亲切又肯付出，所以很受欢迎。

选择B：你个性单纯，很有毅力。

选择C：你简单而缺乏成熟感，但做事很努力。

选择D：你热爱自由，感情丰富，没什么脾气。

选择E：你是行动派，做事干净利落。

选择F：你富有责任感和同情心，就算有什么不满，也会自我克制。

选择G：你活泼外向，行动力强，很会开发自我。

选择H：你本性善良，性格开朗、率真。

选择I：你比较内向，自我防御心理比较重。

创新：创造他人需要却表达不出来的需求

哈佛大学的成功在于它坚持着它那永远改革、永远创新、永远追求的校园精神，哈佛校园特有的那种精神使整个学校形成一种强烈而感人的文化氛围，它使人精神振奋，积极向上。哈佛在教学过程中，很重视培养学生随时捕捉创新的灵感的能力。哈佛的教授告诉学生：思维是核心竞争力，因为它不仅会催生出创新，指导实施，更会在根本上实现成功。

人类从原始社会一步步走到今天，从最初的一无所有到现在的商品琳琅满目，物品一件件被发明和生产出来，整个过程离不开两个字——创新。

所谓创新，就是用人的想象力和实际行动来创造生活中所需要的一切。比如，一个低收入家庭制订了一个计划，使得自己的家庭状况完全改变，这就是创新；一个人将某处的不毛之地开拓成了一片住宅区，这也是创新。简而言之，创新就是进行独一无二的举动。

作为青少年，要善于观察生活中的各种现象，善于结合，培养创新性思维。

一天，一家跨国公司正进行CEO招聘，一共有200多个人竞争这个职位，但最后只有一个人脱颖而出，当上了这家大公司的CEO。他就是哈佛的毕业生肖恩。

主考官为了考察应聘者的随机应变能力，便出了这样一道题：如果在一个下大雨的晚上，你下班开车路过一个车站，看见车站里有3个人，一个人是曾经救过你命的医生，一个是生命垂危的病人，一个是你最心爱的人，请问，在你的车只能坐

2个人的情况下，你会选择谁来坐你的车？

那些应聘者给出的答案是非常丰富的，有的人说选病人，把病人送进医院再说，因为人命关天；有的人选择医生，因为这位医生是他的救命恩人，把医生送到医院再叫救护车救那个病人；有的人选心爱的人，这些答案都没有让考官们觉得满意。

直到最后，肖恩走了进来，他仔细地看了看考题，思考了一阵后，便抬起头自信地说：“我会把车交给医生，让他送病人去医院抢救，至于我，会陪着心爱的人一起等车。”考官们听后，无不拍手称快，肖恩就这样被录取了。

正是因为肖恩具备善于结合的创新性思维和随机应变的能力再加上自身的实际能力，所以才赢得了考官们的赞赏并被录用。由此可见，随机应变的创新性思维反映了一个人的智商，让人知道他能否把某些事情应付过来。

拿破仑·希尔曾说过：创新就是力量、自由及事业成功的源泉；苏联教育家苏霍姆林斯基也认为：创新是生活最大的乐趣，成功来自创新。所以，一个人如果在生活中能够有所创新，那么他的生活一定充满乐趣；如果一个人在事业上能够有所创新，那么他的事业必然蒸蒸日上。

当然，创新并不是天才们的专利，普通人只需要找出新的改进办法，把事情做得更好，也可以算作创新。所以，创新是一种相对而言比较轻松的成功方式，在一些看似糟糕的境况下，运用创新能够得到意想不到的结果。

哈佛大学的教授们经常说的一句话就是：“这个世界上没有什么不可能，只要你敢于创新，敢于挑战传统的观念，那么成功其实来得很容易。”哈佛学子也受到这一理念的鼓舞不断挑战常规、挑战自我。我们平时经常听到“没有做不到，只有想不到”这句话。自然，世界上有一些事是不可能做到的，但可以做到的事更多。很多时候不是因为我们做不到，而是因为不敢想、不愿想。因此，青少年要勇敢去想、勇敢去做，勇敢地创新，这样就能在全新的道路上，开辟出属于自己的王国。

◎**哈佛考考你**

生活中有些人的惰性比较强，而有的人则喜欢求新求变，喜欢不断地去尝试，喜欢创新。通过下面的测试让我们来看看你的创新意识吧！

1.印在纸上的主意、想法，其价值还不如印它们的纸张。

A.非常同意　B.比较同意　C.稍许同意

D.不太同意　E.很不同意　F.极不同意

2.世界上有两种人，一种人拥护真理，另一种人排斥真理。

A.非常同意　B.比较同意　C.稍许同意

D.不太同意　E.很不同意　F.极不同意

3.大多数人并不知道什么才是对他有益的。

A.非常同意　B.比较同意　C.稍许同意

D.不太同意　E.很不同意　F.极不同意

4.人生中的大事就是去做自己认为重要的事。

A.非常同意　B.比较同意　C.稍许同意

D.不太同意　E.很不同意　F.极不同意

5.在这个复杂的世界里，要了解事情的演变情形，唯一的途径就是我们信任的领导人或专家。

A.非常同意　B.比较同意　C.稍许同意

D.不太同意　E.很不同意　F.极不同意

6.在当代论点不同的所有哲学家当中，有可能只有一两位才是正确的。

A.非常同意　B.比较同意　C.稍许同意

D.不太同意　E.很不同意　F.极不同意

7.大多数人根本不会替别人稍微设身处地地想一想。

A.非常同意　B.比较同意　C.稍许同意

D.不太同意　E.很不同意　F.极不同意

8.最好听取自己所尊敬的人的意见，再做判断和决定。

A.非常同意　B.比较同意　C.稍许同意

D.不太同意　E.很不同意　F.极不同意

9.唯有投身追求一个理想，才能使生命变得有意义。

A.非常同意　B.比较同意　C.稍许同意

D.不太同意　E.很不同意　F.极不同意

10.当有人顽固不肯认错时，我就会很急躁。

A.非常同意　B.比较同意　C.稍许同意

D.不太同意　E.很不同意　F.极不同意

◎计分方法

A是1分；B是2分；C是3分；D是4分；E是5分；F是6分。

◎结果分析

0—18分：创新意识很低。

19—40分：创新意识中等。

41—60分：创新意识较高。

感恩：在任何地方，对任何人、任何事说声“谢谢”

感恩不仅是一种美德，更是一种积极的生活态度。在哈佛的教学楼和校园里，处处可以嗅到感恩的气息：那是学生对老师的感恩，也是哈佛对社会的感恩——在世界各处的爱心募集、帮助失散孩童找到亲人、免费培训下岗工人等善举。哈佛的感恩，使自己不断得到各方人士的捐赠和援助，进而使自己的规模和影响力不断扩大。哈佛已然成为百姓心中的爱心品牌。

感恩是爱的根源，也是快乐的源泉。如果我们对生命中所拥有的一切能心存感激，便能体会到人生的快乐、人间的温暖以及人生的价值。班尼迪克特说：“受人恩惠，不是美德，报恩才是。当他积极投入感恩的工作时，美德就产生了。”因为懂得感恩，所以人们有了一颗金子般的心；因为懂得感恩，所以人们能创下了人世间的传奇；因为懂得感恩，所以这个世界才会变得如此美丽。一个懂得感恩的人，是一个积极向上，积极进取，更快乐、更健康的人。

在哈佛大学的心理课堂上，查尔斯教授给学生们讲述了这样一个故事：

很久以前，有一个小男孩因生活贫困不得不靠挨家挨户地推销商品来积攒学费。

傍晚时，他感到身心疲惫，饥饿难耐，可是他推销得却很不顺利，这让他有些绝望。他想，如果这时能够得到一杯水，那该多好啊！于是他敲响了一户人家的门。开门的是一位美丽的小女孩，她给了他一杯浓浓的热牛奶，令饥渴的男孩感激万分。

许多年之后，这个小男孩成了一位著名的外科大夫。一位妇女因病情严重，当地的大夫都无计可施，便被转到了那位著名的外科大夫所在的医院。外科大夫为妇女做完手术后，惊喜地发现那位妇女正是多年前在他饥寒交迫时，给过他帮助的小女孩，当年也正是因为那杯热牛奶使他又鼓足了对生活的信心。

正在那位妇女为昂贵的手术费而愁眉不展时，她猛然发现手术费单子上有这么一行字：手术费等于一杯热牛奶。

查尔斯教授讲完这个故事后，学生们都十分动容。查尔斯教授说："拥有一颗感恩的心，会让那些为我们付出的人，感到生命里充满了温馨；常怀一颗感恩的心，会让我们的灵魂更加纯净。一个懂得感恩的人，是一个有情有义、内心富有的人。感恩是一种歌唱生活的方式，是人生幸福的源泉，更是一个人立命于天地间的大智慧。"

生活中，我们每个人都在不断地接受他人的恩惠。从小时候，就领受了父母的养育之恩，等到上学，有老师的教育之恩，再以后，又有领导和同事等的关怀、帮助之恩，年纪大了之后，又免不了要接受晚辈的赡养、照顾之恩。只有懂得感恩的人，才会获得更多的快乐，更多的收获。

怀抱一颗感恩的心，犹如在生命的旅途中点燃了一盏明灯；怀抱一颗感恩的心，犹如掌握了人生宫殿之门的钥匙；怀抱一颗感恩的心，犹如在人生的海洋中拥有了一艘坚固的船……只有那些怀有感恩之心的人，才能视万物皆为恩赐。当我们心中充满了感恩之情时，世界才会变得无比美好，经历苦难才会甘之如饴。

◎哈佛考考你

有一种情感可以给心插上一双翅膀，带着心在天堂里飞翔。它的名字叫——感恩。下面来测测你的感恩之心吧。

1.你对祖国的忠诚度是________？

A.50%　　B.90%　　C.100%

2.对于亲人对你的倾情付出，你会对他们表示感谢吗？

A.基本不会　　B.有时会　　C.经常会

3.在大街上遇到乞讨者，你会________？

A.避而远之　　B.坦然走过　　C.给予帮助

4.对于你所在的学校，你所持的态度是________？

A.很不满意　　B.有些不满　　C.基本满意

5.在公共汽车上遇到行动不方便的老年人，你会________？

A.无动于衷　　B.不好意思才让座　　C.主动让座

6.在餐馆就餐，你会对服务员表示感谢吗？

A.从来不会　　B.看有无必要　　C.经常会

7.你还能记得几位教过你的小学老师的名字？

A.基本没印象　　B.1—2位　　C.多数都记得

8.你对报答父母养育之恩如何理解？

A.还父母的债　　B.社会舆论　　C.源于血缘的亲情

9.你如何看待你和竞争对手的关系？

A.对立关系　　B.相互依存　　C.让我成长

10.对于别人善意的劝告，你所持的态度是________？

A.从不接受　　B.看心情　　C.虚心接受

◎答案分析

如果A选项偏多，你要注意了，这说明你的感恩意识较为缺乏，建议你从上述问题中提到的行动开始，逐步树立感恩意识。

如果B选项偏多，说明你是个懂得感恩的人，你已经初步了解了感恩的意义。希望你将这种感恩的意识转化为行动。

如果C选项偏多，恭喜你，你已经将感恩上升为人生中的大智慧。希望你感恩的行动不仅仅体现在回报层面上，更要体现在奉献方面。

附　录

美国大学本科TOP30名校一览

哈佛大学(Harvard University)

哈佛大学，是位于美国马萨诸塞州波士顿城的一所私立大学，1636年成立，是美国历史最悠久的高等学府，常青藤联盟的代表。哈佛大学商学院是全球最好的商学院，该校所有学科的教育水平都处于世界顶级，也是美国最难申请的大学之一，与耶鲁大学、牛津大学和剑桥大学并称为世界最好的大学，在世界上享有顶尖声誉、财富和影响力。该校一直坚持学术自由，学术自治和学术中立的原则。

优势学科：经济学，医学，法学

网址：www.harvard.edu

耶鲁大学(Yale University)

耶鲁大学创建于1701年，是美国最受赞誉的常春藤盟校之一，坐落于美国康涅狄格州纽黑文。除了多样化的学生、全球性的远瞻眼光及杰出的研究成果外，耶鲁大学还崇尚推进变革。该校通过强大的学术课程培养学生的领袖服务意识，同时鼓励学生参与体育运动、社区服务等各种课外活动。在各个大学排名榜单中，都一直名列前茅，耶鲁大学以人文、艺术、历史及法律等学科最有名。永远强调对社会的责任感、蔑视权威、追求自由和崇尚独立人格被认为是“耶鲁精神”的精髓，它是耶鲁人奉献给世人的一份宝贵财富。

优势学科：法学，文学，表演艺术

网址：www.yale.edu

普林斯顿大学(Princeton University)

普林斯顿大学创建于1746年，是一所常春藤私立综合大学。学校占地600英亩，坐落于普林斯顿的一个居民区内，位于纽约市西南50英里。主校园的建筑为格鲁雷亚式和哥特式风格，另外还有许多新颖的现代建筑，多次被评为全美第一大学。校园活动丰富，内有5个大小不同的戏院及许多戏剧团体，有管弦乐队、合唱队、爵士歌舞团、歌剧院、礼拜团乐队、唱诗班、福音演奏组；学校有38个体育代表队。

优势学科：文学，经济学，国际关系

网址：www.princeton.edu

哥伦比亚大学(Columbia University in the City of New York)

哥伦比亚大学坐落于最繁华的大都市——纽约。学校覆盖多个学术领域，在艺术领域独具匠心。学校设有近100种研究领域供学生选择，另外还提供有数百种课外活动、研究、实习及留学机会。纽约的充满活力的社会和文化氛围，开拓每个学生的视野，该校属于常青藤学院。哥大最初的建校目标是："在已知的语言、人文和科学领域内教导和教育青年"。哥大最强调的一点是实践，注重学校与社会结合，鼓励教师走出课堂和学校，学以致用。

优势学科：数学，新闻，法律，医学

网址：www.columbia.edu

芝加哥大学(The University of Chicago)

芝加哥大学1891年由约翰·洛克菲勒创办，是美国最负盛名的大学之一，该校先后共有89位师生获得诺贝尔奖。芝加哥大学拥有全美最顶尖的经济学专业。该校位于美国第三大城市芝加哥，学生生活、实习和就业便利。芝加哥大学的校训译成中文是"益智厚生"，意思是"提升知识，以充实人生。"

优势学科：生物工程，数学，文学

网址：www.uchicago.edu

斯坦福大学(Stanford University)

斯坦福大学是世界公认的名牌大学。除了有知名教授传授一流的知识，学校还有极其丰富的课外活动及参加科研和公共服务的机遇。学校的使命是“让学生实现个人成就，成为有用之才”及“通过影响人类与文明，为大众谋福利”。斯坦福大学1300多位教授中，有10位诺贝尔奖得主，5位普利策奖得主，142位美国艺术科学院院士，84位国家科学院院士和14位国家科学奖得主，美国最高法院的9个大法官中有6个是从斯坦福大学的法学院毕业的。

优势学科：工程科学，生物科学，自然科学

网址：www.stanford.edu

宾夕法尼亚大学(University of Pennsylvania)

宾夕法尼亚大学是一所始建于1740年的私立综合性大学，本杰明·富兰克林是学校的创建人。它在科学、艺术、工程和应用科技等领域为学生们提供广泛的课程。其中著名的沃顿商学院以培养商业精英闻名。占地260英亩的校区距离费城市中心只有2公里。美国宾夕法尼亚大学沃顿商学院位于费城，是世界首屈一指的商学院。沃顿商学院创立于1881年，是美国第一所大学商学院。

优势学科：商科，医学护理，建筑学，教育学

网址：www.upenn.edu

杜克大学(Duke University)

杜克大学创建于1838年，是一所私立的研究型大学。杜克大学是国际知名科研型大学，学校位于北卡罗来纳州的达勒姆，占地近9000英亩。在校本科生超过6000人，提供从生物医学工程到斯拉夫和欧亚研究在内的四十余种学科。学校有出色的体育协会、创新的研究设施，致力于将知识应用于改善社会条件。杜克大学多年以来一直被评为全美最佳文科院校之一。相比美国的常春藤盟校的佼佼者，杜克大学历史较短，但无论是学术水准还是其他方面都能与常春藤名校相抗衡。

优势学科：公共管理，法学，医学，工程学

网址：www.duke.edu

麻省理工学院(Massachusetts Institute of Technology [MIT])

世界最知名的理工大学，位于美国马萨诸塞州剑桥市。该校的使命是推进科学、技术及其他学术领域知识的进步及培养学生在21世纪以最好的水平服务国家和

世界。麻省理工具有丰富的跨学科解决问题的专业技能，学院拥有独特的机遇及强烈的责任感，通过培养创新思想，在促进经济发展、培养当今所需的管理人员中履行自己重要的职责。该大学的工程系是最知名、最多人申请入读的学系，其中以电子工程专业和机械工程专业名气最响。

优势学科：信息科学，工程学，物理，生物

网址：www.mit.edu

加利福尼亚理工学院(California Institute of Technology [Caltech])

加利福尼亚理工学院位于加州的帕萨迪纳，人们一般称之为“加州理工”。加州理工是一所私立精英研究学院，学校共有6个教学分部，提供有24种专业和6种辅修专业，其中工程与技术专业的课程久负盛名。尽管掌握知识和经验是加州理工教育的基石，该校还提供的丰富多样的课外活动更让学生能够均衡发展。学校有多个体育、表演、视觉艺术社团。在加州理工学院，丰富的学生文化与严格的教育制度相得益彰。

优势学科：工程学，物理学，生物学，信息科学

网址：www.caltech.edu

达特茅斯学院(Dartmouth College)

达特茅斯学院成立于1769年，是美国历史最悠久的学院，闻名遐迩的常春藤学院之一。坐落于新罕布什尔州的汉诺威(Hanover)小镇。达特茅斯学院致力于通过卓越的研究和教学为学生提供最好的教育。学校的院系设置均是世界顶级的，包括：塔克商学院、泰勒工程学院、达特茅斯学院医学院等。艺术科学领域的研究生课程也是十分突出。

优势学科：经济，历史，政治学

网址：www.dartmouth.edu

西北大学(Northwestern University [NU])

美国西北大学是一所始建于1851年的私立综合性大学，所属温伯格科学艺术学院、教育和社会政治学院、法学院、音乐学院均为学生们提供广泛的课程。它的凯

洛格管理学院、麦考密克工程及应用科学学院、麦迪尔新闻学院、医学院还可提供研究生阶段的课程。它250英亩的校区坐落于Evanston，离芝加哥只有12公里。

优势学科：新闻传媒，艺术表演

网址：www.northwestern.edu

约翰霍普金斯大学(Johns Hopkins University [JHU])

约翰霍普金斯大学是一所位于马里兰州巴尔的摩市的著名研究型私立大学。该校以其医学、公共卫生、国际关系及艺术等领域的卓越成就而闻名世界。该校的校友中，先后有37人获得诺贝尔奖。百余名美国科学院、工程学院、医学院、文理学院院士就职于约翰霍普金斯大学。

优势学科：医学，护理，生物

网址：www.jhu.edu

圣·路易斯华盛顿大学(Washington University in St.Louis)

圣·路易斯华盛顿大学，成立于1853年，是一所综合大学。学校下设文理学院、建筑学院、艺术学院、商业管理学院、工程及应用科学学院。学校占地169英亩，主校区位于圣路易斯。

优势学科：政治，生物，人类学，管理学，文学

网址：www.wustl.edu

布朗大学(Brown University)

布朗大学创建于1764年，被誉为最有创新精神的常青藤大学，个性化的教育理念闻名于世。学校占地140英亩，坐落在距离波士顿45英里的普罗维登斯，校园历史韵味浓厚。

优势学科：历史，文学，表演艺术

网址：www.brown.edu

康奈尔大学(Cornell University)

康奈尔大学位于纽约州中心，距离纽约城较近。夏季阳光明媚，冬季寒冷，与中国沈阳的气候十分相似。知名校友包括：美国任天堂总裁、ipod开发商、前任中

国驻美国大使等。

优势学科：酒店管理，商科，工程技术科学

网址：www.cornell.edu

范德堡大学(Vanderbilt University)

范德堡大学位于美国发展最快的纳什维尔城市。范德堡大学的生物医学、工程学、生物学、化学和经济学排名均为全美前50。世界最著名的波士顿咨询集团和贝恩咨询公司的创始人均毕业于范德堡大学。该校也有很多知名的中国校友，宋氏三姐妹的父亲宋嘉树就是在1885年毕业于该校的。

优势学科：生物医学，工程学

网址：www.vanderbilt.edu

圣母诺特丹大学(University of Notre Dame)

圣母诺特丹大学与天主教渊源深厚，尤其喜欢招收信仰天主教的中国留学生。在USNews颁布的“全美会计专业排名”中位列第7、“全美商科专业排名”位列第14、“美国大学排名”位列第19、“工科专业排名”位列第42。该校的工程专业、商科专业和会计专业尤其受中国留学生青睐。

优势学科：建筑学，商学，工程技术科学

网址：www.nd.edu

莱斯大学(Rice University)

莱斯大学成立于1892年，位于美国南方得克萨斯州休斯敦市郊，有着卓越的教学理念、全美最佳的师生比例、大量的研究和跨学科工作机遇及数百项课外活动。毕业生中涌现过奥运会金牌获得者、诺贝尔获奖者、普利策得奖者及德士古、可口可乐和伊士曼柯达公司前任总裁。

优势学科：电子工程，生物工程

网址：www.rice.edu

埃默里大学(Emory University)

埃默里大学是一所综合性大学。在《美国新闻与世界报道》2012年的全美最佳大学排名中，埃默里大学被评为第20位。学校的研究成果在乔治亚州名列前茅，所提供的学位覆盖文理、商学、法律及医学专业。数百种学生社团供学生选择参加，75%的学生享受助学金。

优势学科：商学，法律，医学

网址：www.emory.edu

乔治城大学(Georgetown University)

乔治城大学创建于1789年，是一所隶属于教会的文理学院。学院下设乔治城学院及商业管理系、驻外事务系和护理系。学校占地110英亩，位于华盛顿市中心，坐落在风景美丽如画的乔治城以及波多马克河边，在白宫西北面2英里左右。校园内最古老的建筑建于1795年，为佛兰德文艺复兴风格。

优势学科：国际关系，政治，商学，人文科学

网址：www.georgetown.edu

加州大学伯克利分校(University of California-Berkeley)

加州大学伯克利分校是一所世界闻名的大学，在《美国新闻与世界报道》颁布的土木工程、环境工程、生态学、化学、电子计算机科学相关专业的排名上，均位列全美第一。加州大学伯克利分校培养了70多名诺贝尔奖获得者。除此之外，其校友还包括苹果、谷歌和英特尔公司的共同创立者。学校离旧金山只有一小时车程，学生可以尽情享受大自然的美丽风光。

优势学科：土木工程，生态科学，化学，计算机

网址：www.berkeley.edu

威克弗里斯特大学(Wake Forest University [(WFU])

威克弗里斯特大学由北加州浸信会创建于1834年。该校是从事文科教育的小型学校，致力于宗教背景所崇尚的价值观，将本科教育视为自己的中心使命。威克弗里斯特大学以鼓励公民责任感及志愿精神为校训。学校设有丰富多样的学位课程，这些课程不仅重视课内表现，还要求学生在志愿精神、领导能力及艺术方面具有突出的表现。

优势学科：商学，会计，医学，法学，管理科学

网址：www.wfu.edu

弗吉尼亚大学(University of Virginia [UVA])

弗吉尼亚大学由美国第三任总统托马斯·杰斐逊创建于1819年，是一所公立大学。学校下设文理学院、建筑系、教育系、工程与应用科学系、护理系及麦金托斯商学院、达顿商业管理学院和文理研究生院。学校占地1151英亩，坐落在里士满西北约70英里的克劳斯维尔。

优势学科：建筑，商学，文学，法学

网址：www.virginia.edu

南加州大学(University of Southern California [USC])

南加大创建于1880年，是一所私立综合大学。学校占地155英亩，主校区位于洛杉矶市区，校园环境优美，地处大都会中心，可方便参观博物馆、音乐厅。

优势学科：媒体艺术，商科

网址：www.usc.edu

加州大学洛杉矶分校(University of California-Los Angeles)

加州大学洛杉矶分校在《美国新闻与世界报道》公布的美国大学排名中排第25名。该校电机工程和环境工程专业都排在全美前20，商科排在全美第15名。校友包括14位诺贝尔奖获得者，以及贝莱德集团、希尔顿酒店、三得利集团的首席执行官，学生可获得到位于洛杉矶周边的多家跨国公司实践机会。

优势学科：环境工程，电机工程，商科

网址：www.ucla.edu

卡内基梅隆大学(Carnegie Mellon University [CMU])

卡内基梅隆大学创建于1900年，是一所私立大学。学校下设有卡内基技术学院、美术学院、人文与社会科学院、梅隆理学院及商业管理系和计算机系。学校占

地103英亩，距离匹兹堡市区五英里。

优势学科：计算机，工程科学，商科，公共政策

网址：www.cmu.edu

塔夫斯大学(Tufts University)

塔夫斯大学建于1852年，校址在马萨诸塞州的梅德福，是一所综合性私立大学，现有学生8000多人。塔夫斯大学的办学原则是以质取胜、注重革新。从学生录取、教师的教学到学术研究、教学和科研设施的建立以及对教师的业绩评估等，塔夫斯大学都设立了严格的质量标准，并因其出色的教学和研究而享誉世界。

优势学科：人文科学，工程技术科学

网址：www.tufts.edu

密歇根大学安娜堡分校(University of Michigan-Ann Arbor)

该校设有250多个研究领域，囊括了所有的应用专业，例如航空航天工程、核能工程与放射科学、智力、行为、认知科学、生物医学工程。密歇根大学的学生有机会与教授一起参与合作研究，在财富500强公司实习，或者参与交换生项目到世界各地不同的地方学习。

优势学科：航空航天，生物医学，工程技术科学

网址：www.umich.edu

北卡罗来纳州大学教堂山分校(University of North Carolina at Chapel Hill [UNC])

北卡罗来纳州大学教堂山分校创建于1789年，是一所公立综合大学。学校下设文理学院、弗拉格勒商学院、成人教育学院、研究生院及牙医系、教育系、信息与图书馆学系、新闻与大众传播系、法律系、医学系、护理系、药剂系、公共健康系、社会工作系。校园坐落在距离达拉谟东北8英里的教堂山。

优势学科：新闻传媒，生物学，法学，医学

网址：www.unc.edu

美国大学本科申请流程解析

一、选择院校

在美国，有三千六百多所大学提供本科学位，一千七百多所大学提供硕士及硕士以上学位。

（一）大学排名

每年，《美国新闻与世界周刊》都会根据美国各大院校的学术声誉、录取率、毕业率、校友捐赠率等十多项指标进行大学排名。大学排名是学生选择院校的重要参考，但是不能作为唯一标准。

（二）学校录取要求

各大院校都会在官网上注明各专业的录取要求，比如语言成绩、平均成绩以及申请材料。

（三）专业设置

每所大学在教学上有所侧重，学科和专业各有优势。申请人一定要结合自己的专业方向选择有专业优势的大学。

（四）费用问题

美国大学有公立和私立之分，私立大学学费相对比较昂贵，公立大学（包括州立大学）学费则比较便宜。大部分大学会在官网上提供奖学金的申请方法。

二、留学考试的准备

留学美国需要参加的考试分为两类：一类是语言考试，一类是升学考试。

（一）语言考试

语言考试是用来测试母语非英语考生使用英语能力的，世界范围人数最多的两个考试是托福考试和雅思考试。

1. 托福考试

（英文全称TestofEnglishasaForeignLanguage，简称TOEFL）由美国教育考试服务中心主办，专门用来测试非英语国家学生的英语水平和掌握英语的熟练程度的一种考试。目前美国、加拿大、英国、法国、德国、爱尔兰、新西兰、比利时、荷兰、丹麦、芬兰、挪威、奥地利、新加坡、日本、南非、中国香港等国家和地区的学校都承认托福成绩。

2. 雅思考试

(英文全称InternationalEnglishLanguageTestingSystem，简称IELTS)是由英国文化委员会、剑桥大学地方考试委员会和澳大利亚教育国际开发署共同举办的国际英语水平测试，主要是英联邦国家（英国、澳大利亚、加拿大、新西兰等）承认，现在部分美国大学也已经承认雅思成绩。

（二）升学考试

如果你想申请美国、加拿大本科或者研究生的话，除了托福或者雅思成绩外，你还需要向学校提交如GRE、GMAT、LSAT、SAT、ACT等的考试成绩。

1.GRE

（英文全称GraduateRecordExamination，简称GRE）是美国研究生的入学考试，它适用于除了法律（需LSAT成绩）与商业（需GMAT成绩）以外的其他各种学科与专业的研究生考试。

2.GMAT

(英文全称GraduateManagementAdmissionTest，简称GMAT)由美国商学院研究所入学考试委员会委托美国教育考试服务中心举办的一门测试。

3.LSAT

（英文全称LawSchoolAdmissionTest，简称LSAT），是美国法学院入学委员会法学院设置的入学资格考试，这些法学院多数分布在美国各州，少量在加拿大。几乎所有的法学院都要求申请人提交LSAT成绩，其成绩作为法学院评估申请者的主要条件之一，是一项非常重要的衡量标准。

4.SAT

（英文全称ScholasticAssessmentTest，简称SAT）是由美国教育考试服务中心举办的学术水平测验考试。SAT是美国高等院校决定录取和评定奖学金发放的重要参考指标之一。

5.ACT

（英文全称AmericanCollegeTest，简称ACT）与SAT一样，也是美国高等院校决定录取和评定奖学金发放的重要参考指标之一。

三、申请材料的准备

美国留学申请的常规材料清单：

标准化考试成绩。

高中/大学/研究生阶段的成绩单。

个人简历

个人陈述或者ESSAY

推荐信

学位证、毕业证或者在读证明

财力证明

其他材料

除了上面八类材料外，你还可以准备以下材料：

专业课成绩单；

考试排名证明；

国际竞赛的获奖证书复印件；

发表过的学术论文等。

如果你申请艺术专业，还需要另准备作品集。

四、递交申请材料

现在几乎所有的美国学校都开通了“在线申请系统”，申请者可以直接在网上填写申请表，也就是“网申”。

五、“套词”与面试

在等待录取结果的这段时间，需要做的最重要的两件事就是“套词”和面试。

（一）“套词”

所谓的“套词”其实是指对于申请人通过电子邮件、电话、MSN等方式与教授沟通，

从而获取各种信息的方式。研究生奖学金发放，在很大程度上是由教授决定的，所以“套词”是申请者获得奖学金的重要手段。

（二）面试

面试的目的有三个：第一，了解学生的沟通能力；第二，核实申请材料是否属实。第三，了解学生对于学校的认识。面试在美国大学录取过程中非常重要，起着决定性作用。

六、等待结果和答复学校

如果是申请本科的话，有的学校12月份就开始发放录取信，而有的学校可能会到4月份。录取信中通常会注明最晚答复时间，申请者必须在这个时间之前回复学校是否接受录取。

七、签证的申请

如果接受了某所学校的录取，就可以开始准备签证了。只有拿到签证，整个申请过程才算真正结束。美国签证有很多种，赴美进行学术学习的留学生需要申请F1签证。

关键词：F1签证

F1签证的原则是：首先，申请人必须证明自己有能力在美国做全日制学生。其次，申请人还必须证明自己进入美国并短暂停留的唯一目的是在已建立的学术机构完成学业。第三，申请人还必须证明自己有能力支付学费和上学期间所需的生活费用。申请者可以参考使馆网站或签证中心网站公布的信息。

美国私立高中TOP100名校一览

校名	类型	所在洲	SAT均分
Phillips Exeter Academy　菲利普艾斯特中学	Co-ed	NH 新罕布什尔州	2085
Thomas Jefferson School　托马斯.杰佛森中学	Co-ed	MO 密苏里州	2070
Groton School　格罗顿中学	Co-ed	MA 马萨诸塞州	2060
Concord Academy　康科德学校	Co-ed	MA 马萨诸塞州	2040
St. Paul ‘s School　圣保罗中学	Co-ed	NH 新罕布什尔州	2036
MIddlesex School　米德尔塞克斯中学	Co-ed	MA 马萨诸塞州	2030
Hotchkiss School　霍奇基斯中学	Co-ed	CT 康涅狄格州	2013
Phillips Academy Andover　安多佛菲利普斯中学	Co-ed	MA 马萨诸塞州	2008
Deerfield Academy　迪尔菲尔德中学	Co-ed	MA 马萨诸塞州	2000
Peddie School　佩蒂中学	Co-ed	NJ 新泽西州	2000
St. Andrew ‘s School　圣安德鲁中学	Co-ed	DE特拉华州	1999
Lawrenceville School　劳斯维伦斯中学	Co-ed	NJ 新泽西州	1998
The Hockaday School　霍克黛女子中学	All-girls	TX德克萨斯州	1992
Choate Rosemary Hall　乔特罗斯玛丽中学	Co-ed	CT 康涅狄格州	1981
Cate School　凯特中学	Co-ed	CA加利福尼亚州	1980
Indian Springs School　印第安泉中学	Co-ed	AL亚拉巴马州	1965
The Thacher School　撒切尔中学	Co-ed	CA加利福尼亚州	1960
Georgetown Preparatory School　乔治城预备中学	All-boys	MD马里兰州	1950
Loomis Chaffee School　路米斯卡费中学	Co-ed	CT 康涅狄格州	1946
St. Mark ‘s School　圣马可中学	Co-ed	MA 马萨诸塞州	1930
The Webb Schools　韦伯中学	Co-ed	CA加利福尼亚州	1930
St Stephen‘s Episcopal School　圣斯蒂芬主教中学	Co-ed	TX德克萨斯州	1924
Episcopal High School　主教高中	Co-ed	VA 弗吉尼亚州	1922
The Madeira School　马德拉中学	All-girls	VA弗吉尼亚州	1920
Oregon Episcopal School　俄勒冈主教中学	Co-ed	OR俄勒冈州	1910

Saint James School 圣詹姆斯中学	Co-ed	MD马里兰州	1910
The Athenian School 雅典中学	Co-ed	CA加利福尼亚州	1900
St. George ‘s School 圣乔治中学	Co-ed	RL罗得岛州	1900
Emma Willard School 艾玛维拉德中学	All-girls	NY纽约州	1892
Advanced Academy of Georgia 乔治亚高级中学	Co-ed	GA佐治亚州	1888
Santa Catalina School 圣特凯特利那中学	All-girls	CA加利福尼亚州	1886
Cranbrook Schools 克莱布鲁克中学	Co-ed	Co-ed MI密歇根州	1885
Woodside Priory School 伍德赛德中学	Co-ed	CA加利福尼亚州	1884
St. Anne ‘s-Belfield School 圣安尼贝尔费德中学	Co-ed	VA弗吉尼亚州	1883
Stevenson School 史蒂文森中学	Co-ed	CA加利福尼亚州	1880
Asheville School 阿什维尔中学	Co-ed	NC北卡罗来纳州	1870
The Cambridge School of Weston 威斯顿剑桥中学	Co-ed	MA 马萨诸塞州	1865
Miss Porter ‘s School 波特中学	All-girls	CT 康涅狄格州	1863
Brooks School 布鲁克斯中学	Co-ed	MA 马萨诸塞州	1860
Dana Hall School 丹娜豪女中中学	All-girls	MA 马萨诸塞州	1854
Blair Academy 布莱尔中学	Co-ed	NJ 新泽西州	1850
Hill School 西尔中学	Co-ed	PA宾夕法尼亚州	1850
Tabor Academy 泰伯中学	Co-ed	MA 马萨诸塞州	1850
Westover School 西部中学	All-girls	CT 康涅狄格州	1850
Rabun Gap-Nacoochee School 罗本盖普中学	Co-ed	GA佐治亚州	1845
Westtown School 西城中学	Co-ed	PA宾夕法尼亚州	1840
The Stony Brook School 石溪中学	Co-ed	NY纽约州	1837
Mercersburg Academy 莫斯堡中学	Co-ed	PA宾夕法尼亚州	1830
Fountain Valley School of Colorado 科罗拉多山泉中学	Co-ed	CO科罗拉多州	1828
Saint John ‘s Preparatory School 圣约翰预备中学	Co-ed	MN明尼苏达州	1824
McCallie School 迈克林中学	All-boys	TN田纳西州	1823
San Domenico School 圣多明尼哥中学	All-girls	CA加利福尼亚州	1821
Hun School of Princeton 普林斯顿中学	Co-ed	NJ 新泽西州	1820
Westminster School伍斯特明德中学	Co-ed	CT 康涅狄格州	1817
Portsmouth Abbey School 波特茅斯教会中学	Co-ed	RL罗得岛州	1815
Western Reserve Academy 西储中学	Co-ed	Co-ed OH俄亥俄州	1815
Woodberry Forest School 伍德贝瑞森林中学	All-boys	VA弗吉尼亚州	1814
Saint Andrew ‘s School 圣安德鲁中学	Co-ed	FL佛罗里达州	1811
Linden HAll 林顿·豪女子中学	All-girls	PA宾夕法尼亚州	1806
Governor ‘s Academy 州长中学	Co-ed	MA 马萨诸塞州	1802
Annie Wright School 安妮怀特中学	All-girls	WA 华盛顿州	1800
Besant Hill School 贝赛特山高中	Co-ed	CA加利福尼亚州	1800
Bolles School 伯乐中学	Co-ed	FL佛罗里达州	1800
George Stevens Academy 乔治史蒂文学院	Co-ed	ME缅因州	1800

Oliverian School　奥利文中学	Co-ed	NH 新罕布什尔州	1800
WaSATch Academy　瓦萨琪中学	Co-ed	UT 犹他州	1800
Webb School　韦伯中学	Co-ed	TN田纳西州	1800
Garrison Forest School　葛莉森林女子中学	All-girls	MD马里兰州	1790
Salem Academy　塞伦中学	All-girls	NC北卡罗来纳州	1787
Northfield Mount Hermon School 北野山高中	Co-ed	MA马萨诸塞州	1782
Avon Old Farms School　埃文农场中学	All-boys	CT 康涅狄格州	1780
Berkshire School　巴克夏中学	Co-ed	MA 马萨诸塞州	1780
Canterbury School　坎特伯雷中学	Co-ed	CT 康涅狄格州	1780
Delphian School　特尔菲中学	Co-ed	OR俄勒冈州	1779
George School　乔治中学	Co-ed	PA 宾夕法尼亚州	1775
Foxcroft School　福克斯克罗夫特女子中学	All-girls	VA弗吉尼亚州	1774
Chatham Hall　查塔姆霍尔中学	All-girls	VA弗吉尼亚州	1770
Conserve School　康斯弗中学	Co-ed	WI 威斯康星州	1758
Williston Northampton School威利斯顿·诺塞普顿中学	Co-ed	MA马萨诸塞州	1757
MacDuffie School　马杜菲中学	Co-ed	MA 马萨诸塞州	1751
Saint Mary ‘s School　圣玛丽中学	All-girls	NC北卡罗来纳州	1750
Trinity Pawling School　圣三一珀林中学	All-boys	NY纽约州	1750
Grier School　葛丽尔女子中学	All-girls	PA宾夕法尼亚州	1750
Baylor School　贝乐中学	Co-ed	TN 田纳西州	1735
Pomfret School　庞弗雷特中学	Co-ed	CT 康涅狄格州	1733
CFS.The School at Church Farm　主教农场中学	All-boys	PA宾夕法尼亚州	1730
Salisbury School　萨利士伯瑞男子中学	All-boys	CT 康涅狄格州	1730
Putney School　帕特尼中学	Co-ed	VT佛蒙特州	1725
Holderness School　霍德尼斯中学	Co-ed	NH新罕布什尔州	1720
Virginia Episcopal School　弗吉尼亚主教中学	Co-ed	VA弗吉尼亚州	1720
White Mountain School　白山中学	Co-ed	NH 新罕布什尔州	1713
Solebury School　索尔伯瑞中学	Co-ed	PA宾夕法尼亚州	1710
Subiaco Academy　速比亚可中学	All-boys	AR 阿肯色州	1710
Millbrook School　密尔布鲁克中学	Co-ed	NY纽约州	1706
Lawrence Academy　劳伦斯中学	Co-ed	MA 马萨诸塞州	1704
Suffield Academy　沙费德中学	Co-ed	CT 康涅狄格州	1702
Christ School　基督中学	All-boys	NC北卡罗来纳州	1700
Colorado Rocky Mountain School科罗拉多洛基山高中	Co-ed	CO科罗拉多州	1700
Dunn School　邓恩中学	Co-ed	CA加利福尼亚州	1700
Perkiomen School　伯科曼学校	Co-ed	PA宾夕法尼亚州	1690

美国高中申请流程解析

一、高中申请流程概述

参加SLEP测试，或参加TOEFL及美国私立中学入学考试(SSAT)

↓

根据个人的条件以及特性，从多方面进行考虑选择合适的学校

↓

按照学校要求的材料清单准备个人申请材料

↓

填写心仪高中的申请表，邮寄给学校。申请材料中包括父母或监护人调查问卷、学生调查问卷、教师推荐信、近两年学习成绩单、IBT/SSAT/SLEP成绩、财力证明

↓

如果学生希望得到经济帮助，则需填写经济援助申请表

↓

办理护照（建议尽量提前办理）

↓

学生可能会被要求参加电话或者现场面试。如果符合条件，学生将会收到录取通知书

↓

联系学校、申请住宿及联系接机

↓

买好机票，出发

二、高中申请材料清单

成绩相关资料：

IBT成绩单复印件以及IBT的网上JD和密码（便于后期寄送官方成绩）/IELTS成绩单复印件。

SSAT成绩单复印件以及注册考试的网上ID和密码（便于后期寄官方成绩）。

SLEP成绩单原件（提供复印件一份）。

初中7—9年级（初一——初三）的成绩单（中英文对照，加盖学校印章，装入学校正规信封，信封封口初也需要加盖学校印章）。

高中在读的成绩单（中英文对照，加盖学校印章，装入学校正规信封，信封封口初也需要加盖学校印章）。

初中毕业证（中英文对照，加盖学校印章，装入学校正规信封，信封封口初也需要加盖学校印章）。

资金材料：

本人或资助人的美金或人民币存款的银行存款证明。

金额一般在4万—5万美金不等或35万—50万元人民币不等（根据具体的学校情况不同而定，具体提供的时候需要与顾问确定，银行存款证明提供的数量要与申请的学校数量相同，比如申请5个学校需要提供5份银行存款证明）。

其他资料：

如有获奖，提供奖状复印件或学校开具的获奖证明。

如果有相关的社团活动照片或其他对申请有帮助的照片，请提供，并附上中文说明。

身份证或护照复印件。

若申请人目前不在中国，请咨询顾问在前期材料准备时让学生提供护照、签证，在美学生提供1—94卡、120/DS2019表及一切国外居留身份的证件复印件或扫描件空白信纸以及空白不盖章的高中信封，用于打印和装推荐信，每申请1个学校需要提供3个信封，根据申请学校数量要求学生提供足够的信纸和信封（比如申请2个学校就要提供6个信封）

部分美国高中需要申请者提供体检报告

护照扫描件

三、基本年龄要求

一般来讲，申请者可以申请到对应的美国课程或者上一级课程，因此国内初二的学生就可以申请美国的高中课程了，即美国9年级课程。从保证申请及签证的角度来考虑，申请高中课程的学生年龄最好不要超过18岁。

中美两国的中等教育的设置：

中国初级中学，初一到初三（13—15岁）；高级中学，高一到高三（16—18岁）。

美国初级中学，7—8年级(13—14岁）；高级中学9—12年级(15—18岁）。

四、申请时间规划

秋季申请时间规划：

7—8月

制定选校方案，准备申请材料。

在选校时，有很多因素可以参考，但建议以学校的教育质量和SAT要求为首。

9—12月

参加SLEP/TOEFL/SSAT考试，如果要申请美国最顶尖的私立高中，SSAT和TOEFL是敲门砖，高分能让学生获得评估委员的好感。

10—11月

完成申请并寄送申请材料。申请美国的私立高中，不仅仅要依靠学生的语言测试分数，学校也很看重学生的申请表格内容，一般来说大多数学校是非常青睐数学科目好的学生。

11—12月

联系学校预约面试。面试在申请的过程中占了相当的一个比例。

第二年1—3月

和学校保持联系，询问进度。在这个段时间中是学校开始评估学生申请的时间段。

4—5月

等待录取结果。大多数私立高中都会在四五月陆续发放录取结果。学生在拿到录取后可以开始决定自己究竟最后要去哪一所学校，然后给予反馈。

6—7月

交纳定金预约签证。学生在这段时间里需要支付学费定金给最终决定接受录取的学校，并在开学前把剩下的学费支付给学校。

8月

行前准备。联系安排住宿、接机、选课等。

美国留学20个最受欢迎的热门专业分析

建筑

建筑专业是工程和管理学相结合的专业。以学习如何设计建筑为主，同时学习相关基础技术课程的学科。不仅涉及建筑物的外形、内部结构、使用材料等，也包括建筑物周边的景观设计。

航空航天

主要职业是航空航天设计工程师。航空航天专业的培养目标是培养具有较好数学、力学基础知识，飞行器工程基本理论，飞行器总体结构设计与强度分析、试验能力，能从事飞行器（包括航天器与运载端）总体设计、结构设计与研究、结构强度分析与试验，并有从事通用机械设计及制造的高级工程技术人员和研究人员。

电机工程

市场需求量大，职业要求具备机械制图、工程力学、机械设计基础，液压传动、机械制造基础，电工与电子技术、计算机应用、现代企业管理等基础理论和基本知识。毕业生主要从事机电设备的安装、调试、运行、维修与检测工作，也可从事机电产品的营销与技术服务等与机电技术应用相关的工作。

环境工程

本专业学生主要学习普通化学、工程力学、测量学、工程制图、微生物学、水力学、电工学、环境监测、环境工程学科的基本理论和基本知识，应该掌握环境科学技术和给水排水工程领域的科学研究、工程设计和管理规划方面的基本能力。毕业可从事环境咨询师、政府规划专家、企业资源部经理等职业。

信息工程

本专业培养具有信息的获取、传递、处理以及利用等方面的知识，能在信息产业等国民经济部门及国防部门从事信息系统的研究、设计、集成以及制造等方面工作的信息工程学科的高级工程技术人才。

工业工程

市场需求量大。该专业是是从科学管理的基础上发展起来的一门应用性工程专业技术。“工业工程是对人、物料、设备、能源和信息等所组成的集成系统，进行设计、改善和实施的一门学科”在美国，毕业生可进入工业界成为薪酬较高的企业管理人员、主管和工程师。

城市规划

主要学习城市规划，城市生态与环境保护，城市交通，城市市政工程规划，区域规划等的基础理论和基本知识，掌握城市规划、城市设计和城市规划管理的基本能力，并能参与城市社会与经济发展规划、区域规划、城市开发、房地产筹划以及相关政策法规研究等方面工作。

信息管理与信息系统

市场需求量大。毕业生主要从事计算机程序员、计算机系统分析师和系统管理员等职业。该专业培养的学生具备现代管理学理论基础，计算机科学技术知识及应用能力，是能在国家各级管理部门、工商企业、金融机构、科研单位等部门从事信息管理以及信息系统分析、设计等方面工作的高级专门人才。

计算机

市场需求量巨大。毕业生主要从事编程员、系统分析师、计算机工程师、信息系统分析师等工作，可面向交通系统各单位，交通信息化与电子政务建设与应用部门，各类计算机专业化公司，广告设计制作公司，汽车营销技术服务等从事IT行业工作。

机械工程

机械工程专业侧重培养学生解决机械生产过程中的技术问题，是以有关的自然科学和技术科学为理论基础，结合生产实践中的技术经验，研究和解决在开发、设计、制造、安装、运用和修理各种机械中的理论和实际问题的应用学科。

精算专业

市场需求量不大，但是从业人员少。毕业生往往选择在保险公司、投资银行工作，可从事精算师、会计师、风险投资家、银行职员等工作。该学科是依据经济学的基本原理，运用现代数学、统计学、金融学及法学等各种科学有效的方法，对各种经济活动中未来的风险进行分析、评估和管理，是现代保险、金融、投资实现稳健经营的基础。

金融管理

专业前景很好，市场需求量大。本专业培养具备金融学方面的理论知识和业务技能，具有社会科学、数学、计算机等专业知识，善于运用批判思维与阅读能力以及研究精神和团队精神工作，能在银行、证券、投资、保险及其他经济管理部门和企业从事相关工作的专门人才。不同行业毕业生的收入差距悬殊。

商业管理

商业管理依据管理学、经济学的基本理论，研究如何运用现代管理的方法和手段来进行有效的企业管理和经营决策。该专业涉及范围较广，所学课程涵盖了经济学、管理学等诸多课程，是一门基础宽、实用型强的学科。市场需求量大，从业人员多。毕业生往往选择从事会计、税务、财政管理和销售工作。

公共管理

公共管理专业旨在为政府部门和非政府机构以及企事业单位的人事和行政机构培养宽口径、复合型、应用型的公共管理高层次专门人才。在美国，该专业大约一半的毕业生大多为联邦、州和地方政府服务，另一半在企业公司上班。

会计

会计工作是将财政、经济的数据进行搜集、处理、总结，并将之作为指导商业管理决策的科学根据。市场需求量巨大，会计专业领域涉及面广，鉴证、审计、税收、公司会计、管理会计、财务管理、破产清算、法务会计、预算制定，商业咨询等等都是会计专业涉及的领域。

药剂学

药剂学是研究药物配制理论、生产技术以及质量控制等内容的综合性应用技术学科。其基本任务是研究将药物制成适宜的剂型，保证以质量优良的制剂满足医疗卫生工作的需要。现代药剂学有很大发展，还包括生物药剂学、物理药剂学、化学药剂学等。

理疗康复

这是一个迅速发展的专业，主要使用物理设备和电子仪器帮助恢复人体各项功能，应用范围十分广泛。该专业要求学生具备优秀的生物、化学、物理、数学知识和很好的身体素质、沟通能力。

食品科学

食品科学大致分为食品化学、食品工程、食品微生物学等几个分支，属于跨学科专业。学生需要具备良好的生物、化学知识。市场需求量大，毕业生待遇不错。

医疗技术

医疗技术，是指医疗机构及其医务人员以诊断和治疗疾病为目的，对疾病做出判断和消除疾病、缓解病情、减轻痛苦、改善功能、延长生命、帮助患者恢复健康而采取的诊断、治疗措施。毕业生薪资待遇不错，一般到医院或者医疗器械企业中从事管理、销售工作。

心理学

心理学是一门研究人类及动物的心理现象、精神功能和行为的科学，既是一门理论学科，也是一门应用学科。心理学研究涉及知觉、认知、情绪、人格、行为和人际关系等许多领域，也与日常生活的许多领域——家庭、教育、健康、社会等发生关联。随着工作经验的增长，从业者待遇会相应地得到明显提高。

历史

历史专业是一门综合的社会科学，要求学生具备较强的阅读、写作、语言表达能力。在美国，很多政府和商界精英本科时期都会选择主修历史专业。有人说，历史专业是攻读法学院和商学院的最好预备专业，是一门“贵族学科”。市场需求量中等，就业领域广阔。